U0144642

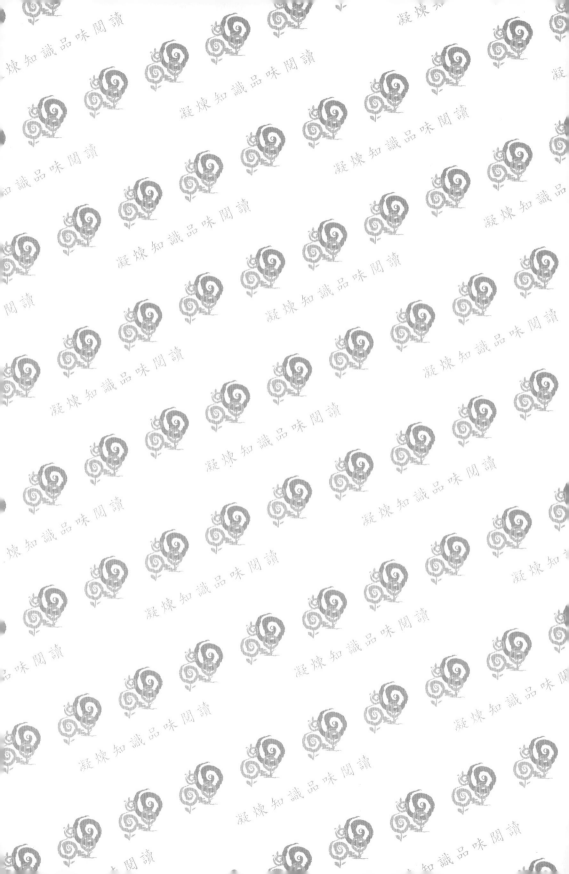

第五版

# 化學與人生

魏明通 著

臺大化學系名譽教授 **林萬寅** 校訂

五南圖書出版公司 印行

圖 1-7 碳纖維的應用

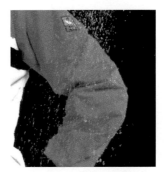

圖 1-9 潑水透濕衣

圖 1-10 變色衣服

圖 1-14 染色的過程

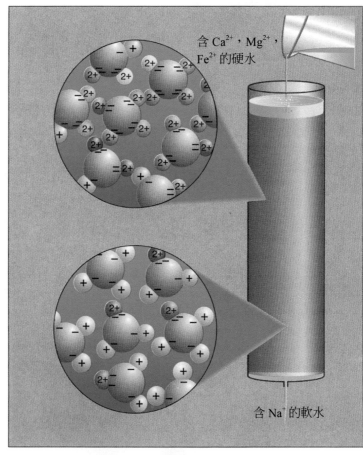

含 $Ca^{2+}$，$Mg^{2+}$，$Fe^{2+}$ 的硬水

含 $Na^+$ 的軟水

圖 1-21 使用沸石軟化硬水

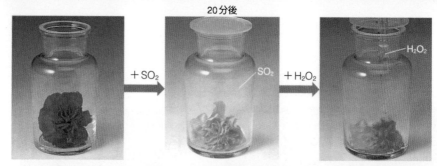

圖 1-23　紅花被二氧化硫漂白加雙氧水顏色再出現

圖 3-8　人工製玻璃器具

圖 3-10　連續製造窗玻璃裝置

圖 3-12　玻璃纖維

圖 3-17　轉爐煉鋼

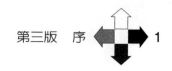

# 第三版　序

　　近年來隨著環保意識的抬頭，環境荷爾蒙的防護廣受世人的注目與關心。多數的環境荷爾蒙存在於我們身邊，任何人都可能生活在有毒的環境中，然而如有正確的認識，才能避免環境荷爾蒙的危害，而能夠生活得更健康。藉由本書第三版出刊時增加環境荷爾蒙一節提供讀者深入的了解。

　　再次感謝全國各大學校院的師生及各界人士的厚愛，而有《化學與人生》的問世。關於內容方面如有疑問或建議，歡迎隨時指正。

魏明通 謹識

於國立台灣師範大學

2005 年 3 月

# 第二版 序

　　感謝全國大學校院的師生及各界人士的厚愛，《化學與人生》初版發行後短短兩年間，初版二刷即將售完而面臨再版。自從今年春天嚴重急性呼吸道症候肆虐，全國投入抗疫期間，媒體上常見到如奈米抗菌口罩、奈米光觸媒健康風扇及奈米消毒健康空氣機等奈米科技產品的出現，使吾人覺得奈米與人類生活似乎將建立密切的關係。為使本書讀者開闊視野認知奈米的世界，藉由第二版出刊時，增加奈米的化學一節，期能使本《化學與人生》更為名副其實。

　　本書第二版仍難免有不妥之處，懇請各位先進批評指正。

魏明通

於國立台灣師範大學

2003 年 6 月

# 序

　　化學是很有趣的，化學能夠使清水變紅水，使一固體消失於空間，使價廉、產量多而用途較單純的天然物質變爲貴重、美觀而更有用的產品，以提高人類的生活品質。

　　從來沒有一門學科像化學一樣，與人類生活息息相關的。本書以有趣而具可讀性的方式介紹衣、食、住及行的化學。衣的化學除了各種纖維、染料、清潔劑之外，另加最近熱門話題的變色衣料及潑水透濕衣料等。食的化學除詳細討論各種營養素在人體的功能外，特別介紹食品添加劑、酒與酒精的化學，使人的生活更健康。住的化學，從住宅環境的調整開始，介紹各種建材的化學，並以住宅與環境保全討論垃圾減量及資源回收的重要性。行的化學從蒸汽引擎、汽車的內燃機談到石油的化學及石油化學工業產品對人類生活的貢獻。

　　二十世紀中葉爲止，人類認爲地球上的水及空氣是無窮盡的。自然界的物質及生物均以自然界的食物鏈、生態系統及物質的循環成平衡狀態，而與人類的生活及活動密切相關。惟隨著文明的進步、生產活動的活潑化，水汙染、空氣汙染等都在影響生態系統及物質的平衡。第 5 章將討論環境的保全，期使現代人能防治汙染維護環境。最後介紹最近化學技術的新產品及寄託於化學進步之夢。

　　本書爲大學通識課程的教材外，也希望可以成爲現代人人手一冊能提高科學素養的讀物。著者相信，學習化學將會使您的生命更健康、更豐盛。

　　關於內容方面如有疑問或建議、歡迎各位先進隨時指正。

魏明通 謹識

於國立台灣師範大學化學系

2000 年 12 月

# 目　錄

第三版序

第二版序

序

# 第 1 章　衣的化學　……1

# 第 2 章　食的化學　……37

# 第 5 章　環境的保全　……153

# 第6章　科學發達與人生　……183

# 1
CHAPTER

## 衣的化學

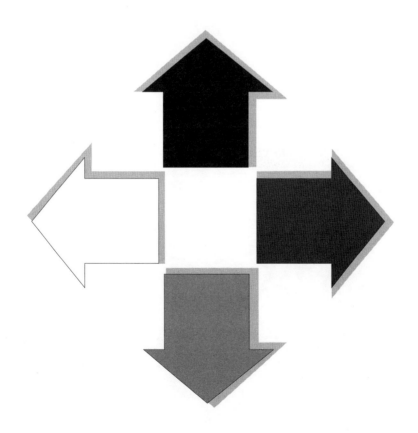

CHAPTER

# 衣的化學

人自誕生以來，與衣類發生極密切的關係。衣類又稱爲第
二張皮膚，是與身體最接近的物質，具有保暖禦寒、保
護日曬雨打及害蟲的侵襲等功能。世界各地均有適合於其氣候
及風土的民族衣裳及所屬集團象徵等的衣服。以人類生活區
分，衣類的功能可分爲：

## 1. 保護健康及安全並有利於行動的功能

(1) **調節體溫**　人體不斷產生並放出熱量，以維持一定的體溫。
如果身體外圍的溫度變化不大時，身體本身具有調節體溫的作
用以適應環境的氣溫。可是環境氣溫變化很大，例如與體溫相
差攝氏十度以上時，必須依賴衣服來輔助體溫的調整。穿上衣
服時，人體與衣服間的溫度和濕度都會改變而產生舒服的人工
氣候，稱爲衣服氣候，以隔絕環境的嚴寒或嚴熱。作爲適合建
立良好衣服氣候的衣料必具有：

①保溫作用：因爲空氣不易傳熱。穿衣服時，衣服與身體間

有一層不易流動的空氣,以保持體溫不易散失。

②促進蒸發作用:衣料應具有吸水性及透水性,才能促進身體的水分(例如汗)的吸收及蒸發作用,以調節體溫。

③換氣作用:衣料需具通氣性質,足以使衣服氣候內的空氣與周圍環境的空氣作適當交換。

(2) **吸附汙染物質**　衣服能夠防止空氣中的塵埃、油、砂土等汙染物質的侵入,並可吸附皮膚表面的汗與脂肪,使皮膚表面保持清潔乾淨。

(3) **保護身體**　衣服具有保護身體及皮膚不受外界傷害的功能。有的衣服因特殊環境下保護身體而使用。例如消防人員所穿的耐火衣服;軍警人員執行任務所穿的防彈衣;學生做化學實驗所穿的實驗衣;噴灑農藥時所穿的防毒衣等,都能保護身體不受外界的侵害。

(4) **適應活動的機能**　運動時穿有伸縮性纖維衣料所做的運動衫;太空人在太空艙所穿的太空衣;空軍戰鬥機駕駛員所穿的駕駛衣等為適應活動的衣服,能提高身體機能使活動更有效率。

## 2. 表現個性及適應社會生活功能

(1) **個性的表現**　衣生活與食生活一樣,個人有個人的嗜好。有的人喜歡穿紅衣,有的藍衣;有的喜歡雙排扣,有的要單排扣,每個人都可以選擇自己喜歡的顏色、形態、布料的衣服,因此衣服為最佳表現個性的物品,惟最好不要使別人看起來不舒服。

(2) **所屬集團的象徵**　衣服為社會上,個人所屬集團的象徵之一。學生穿學校制服;陸海空軍軍人穿陸、海、空軍不同顏色

所製的軍服；警察有警察制服；宗教團體亦有不同的衣服或袍等，空中小姐穿該航空公司所製的衣服等，衣服不但是個人所屬集團的象徵，而且可由衣服的樣式、色彩等亦可看出其階級。

(3) **社會的風俗** 社會生活上衣服亦具很重要的功能。在國宴或正式宴會要穿正裝不能穿便裝。喪事時，內親穿麻衣，其他人則穿黑色或暗色衣服，避免花花綠綠顏色的衣服等，穿衣服不但可表示自己的心意，同時也使社會生活更完滿。

本章「衣的化學」，將介紹衣服材料的纖維、染料與洗潔劑的化學及衣生活有關的事項。

# 1-1 天然纖維

衣服的材料是由纖維織成的。纖維根據其來源分為天然纖維與化學纖維兩大類。天然纖維可再分為如棉、麻等的植物纖維，羊毛、蠶絲等的動物纖維。化學纖維根據原料的不同分為以化學處理纖維素的再生纖維與半合成纖維、從石油化學原料所合成的合成纖維等。圖 1-1 為纖維的分類圖。

## 1-1.1 植物纖維

植物纖維是人類最早用來編織衣物的，有棉、麻等。

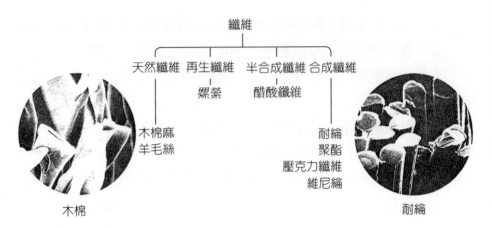

圖 1-1　纖維的分類

## 1.　**棉**

　　棉為中外最廣用的衣料。棉係由木棉果實成熟時，裂開出現白色的棉花所製成。木棉纖維有 98% 為構成植物細胞膜主成分的纖維素，纖維素分子中含羥基（-OH），因此木棉纖維的吸水性很強，羥基亦在染色時，可幫助染料分子與纖維結合之用。棉布所做的衣服，透氣性、吸水性、保溫性都良好，不但可以保暖，夏天穿時有涼爽的感覺，多用於汗衫、內衣等。圖 1-2 最上面為木棉纖維以顯微鏡觀察的側面及截面圖。側面所觀察的木棉纖維呈扁平的絲帶狀，惟截面部分則是中空的豌豆形及馬蹄形。

　　棉纖維燃燒時無臭味，耐摩擦及耐熱、耐鹼，但遇酸時性質減弱。棉衣耐洗並耐漂白。

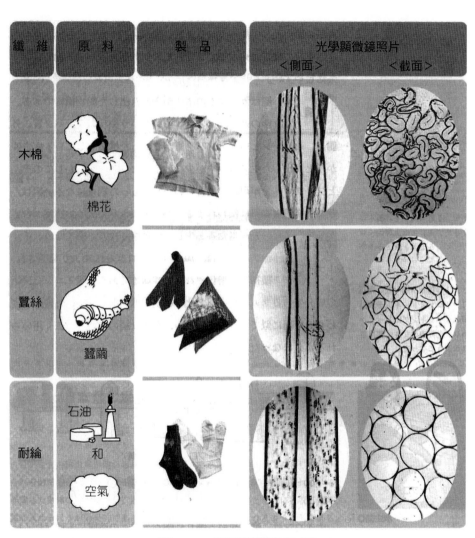

圖 1-2　各種纖維的比較

## 2. 麻

麻分為大麻及亞麻兩種：

⑴ **大麻**　盛產於印度、法國、德國及俄國等地區的桑科植物。

大麻纖維易傳熱，適於製造夏天的衣服。麻纖維很強韌，耐水

性強,廣用於製造纜繩、帆布、魚網及蚊帳。

(2) **亞麻**　　亞麻盛產於寒冷地區的一年生草本植物。亞麻莖部表皮內側有韌皮纖維,將亞麻莖浸漬於熱水,可使木質部分與韌皮部分分離並溶解纖維與纖維間的膠質,乾燥後可得亞麻纖維。亞麻纖維呈絲狀光澤,其傳熱性較棉纖維佳,因此穿起來有涼爽感,適合於熱帶及夏天使用。亞麻纖維質地較強韌,除了適於作為衣料外,也可用於製作帳蓬、帆布、桌布及手帕等。亞麻纖維因不易漂白,故對酸、鹼的抵抗力有較弱及較不易染色等缺點存在。

## 1-1.2　動物纖維

植物纖維的主要成分為纖維素,但動物纖維的主要成分為蛋白質。代表性動物纖維為蠶絲與羊毛。

### 1.　**蠶絲**

蠶絲為我國自古代以來常用的衣料,由於蠶絲所製的絲綢為古代歐洲人所喜愛,因而開啓了一條橫貫歐亞大陸的貿易交通路線,中國輸出的商品以絲綢最具代表性,因而有絲路之得名。蠶絲是由長成的蠶將體內生產的黏液,從嘴吐出結成繭,將蠶繭經一系列處理後抽成蠶絲。通常一個蠶繭可抽出 350 ~ 2,000 公尺的細長蠶絲。圖 1-2 中間為蠶絲纖維的顯微鏡側面及截面圖。蠶絲纖維側面看起來光滑狀但厚度不同,其截面接近三角形狀。蠶絲纖維強韌,織成布料時柔軟並發出美麗光澤的絲織品。蠶絲遇硝酸呈黃色,燃燒時纖維先端將捲曲

而變形並發出刺激臭味。

## 2. 羊毛

　　羊毛的主要成分為稱為角質的蛋白質。圖 1-3(a) 表示羊毛纖維的顯微鏡照片。從照片可看出其表面為鱗片狀物質所成。每一鱗片物質間有微小的空間，使空氣與水蒸氣能通過，因此羊毛纖維的保暖性很好。鱗片狀物質的結構如圖 1-3(b) 所示，能將水滴撥開以保護纖維。

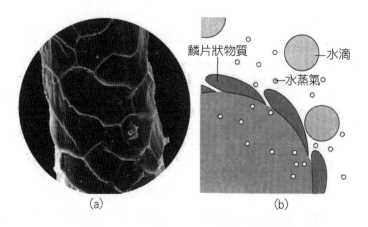

圖 1-3　羊毛顯微照片及鱗片狀物質結構

　　羊毛纖維所製的衣服，富吸濕性及保暖性，柔軟富彈性並不易起皺紋等優點。惟較不耐摩擦，雖然具抗酸性，但有易受鹼的作用等缺點。羊毛纖維結構中含硫，燃燒時放出硫的刺激性氣味。

# 1-2　化學纖維

　　化學纖維如圖 1-1 所示，可分為再生纖維、半合成纖維及合成纖維三大類。因為石油化學工業的發達，近年來全球纖維的總生產量中化學纖維占三分之二，較天然纖維多。

## 1-2.1　再生纖維

　　從紙漿（pulp）所得的纖維素，做衣料纖維不夠長，不能用於織布，惟可使用化學方法處理紙漿，使其變成實用性的纖維，稱為再生纖維。代表性的再生纖維為嫘縈（rayon）。嫘縈俗稱人造絲，最常用的嫘縈製造方法是黏膠法（viscose process）。圖 1-4 表示黏膠法製造嫘縈。將紙漿或木漿（wood pulp）放在浸漬槽中，加入氫氧化鈉溶液及二硫化碳浸漬，纖維素與氫氧化鈉及二硫化碳反應成黃色黏膠狀液體，稱為纖維素黃酸鈉（sodium cellulose xanthate）。將此黃色黏膠液體經尖嘴擠壓入含 1 ～ 5% 硫酸鋅及 7 ～ 10% 硫酸的紡織浴中，中和黏膠溶液中的氫氧化鈉，有機物質凝結，纖維素黃酸鈉進行分解為再生纖維的嫘縈。

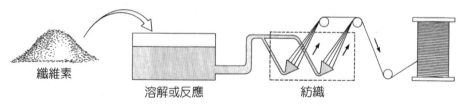

纖維素　　　　　溶解或反應　　　　　紡織

**圖 1-4　黏膠法製造再生纖維的嫘縈**

　　　嫘縈的性質與木棉相似，雖然有絲狀光澤，但富吸水性，惟較易起縐並會縮水。

## 1-2.2　半合成纖維

　　　使用木漿精製所得的纖維素與無水醋酸和濃硫酸反應後，溶解於丙酮，一面蒸發，一面紡織，可得半合成纖維的醋酸纖維。醋酸纖維為纖維素分子結構中的羥基（-OH）被乙酸基（-OCOCH$_3$) 取代而成的。醋酸纖維具即乾性及不易起縐的優點，常與嫘縈或羊毛混紡為上衣或洋裝的衣料。

## 1-2.3　合成纖維

　　　石油化學工業的發展，使高分子化學工業受益，科學家能夠把一些簡單分子，經人工方法聚合成與天然纖維相似的巨大分子的合成纖維。合成纖維通常較天然纖維強韌，耐酸、耐鹼、不怕蟲咬及耐磨等優點，惟吸水性及通氣性則較差。

### 1.　耐綸

　　　耐綸（nylon）俗名尼龍，屬於聚醯胺纖維（polyamide fiber）之一。聚醯胺纖維是分子結構主鏈上具有醯胺基（amide group）-CONH- 的化合物聚合所成的。

⑴　**耐綸 66**　耐綸 66 是由己二胺與己二酸之間，經脫水縮合並聚

合而成的合成纖維。因為原料的己二胺與己二酸都含有 6 個碳原子，故稱為耐綸 66。

$$n\ H_2N(CH_2)_6NH_2\ +\ n\ HOOC(CH_2)_4COOH$$
　　己二胺　　　　　　　　己二酸
$$\rightarrow\ [\ -NH(CH_2)_6\text{-}NHCO\text{-}(CH_2)_4\text{-}CO\text{-}\ ]_n\ +\ (n-1)H_2O$$
　　　　　　　　耐綸 66

(2) **耐綸 6**　耐綸 6 是 6- 胺基己酸的胺基與羧基反應脫水聚合而成，原料只是 6 個碳原子的 6- 胺基己酸（6-aminohexanoic acid），故稱為耐綸 6。

$$n\ \underset{\text{6-胺基己酸}}{OH\text{-}\overset{\overset{O}{\|}}{C}\text{-}(CH_2)_4\text{-}CH_2\text{-}\overset{\overset{H}{|}}{N}\text{-}H}\ +\ n\ \underset{\text{6-胺基己酸}}{HO\text{-}\overset{\overset{O}{\|}}{C}\text{-}(CH_2)_4\text{-}CH_2\text{-}\overset{\overset{H}{|}}{N}\text{-}H}$$

$$\rightarrow\ \underset{\text{耐綸 6}}{(\text{-}\overset{\overset{O}{\|}}{C}\text{-}(CH_2)_4\text{-}CH_2\text{-}\overset{\overset{H}{|}}{N}\text{-}\overset{\overset{O}{\|}}{C}\text{-}(CH_2)_4\text{-}CH_2\text{-}\overset{\overset{H}{|}}{N}\text{-})n}\ +\ n\ H_2O$$

　　無論是耐綸 66 或耐綸 6，纖維內部的分子排列較天然纖維整齊，因此耐綸較棉、羊毛及蠶絲更為強韌，而且富於彈性及柔軟性。耐綸纖維廣用於衣料、絲襪、雨傘及降落傘等。

## 2.　**聚酯**

　　聚酯（polyester）為醇與有機酸反應所生成的長鏈聚合物。最常見的聚酯為乙二醇與對苯二甲酸（又稱對酞酸）脫水

縮合並聚合而成的達克綸 (dacron)。

$$n \ HO\text{-}CH_2\text{-}CH_2\text{-}OH \ + \ n \ HOOC\text{-}C_6H_4\text{-}COOH$$

　　乙二醇　　　　　　對苯二甲酸

$$\rightarrow \ (\text{-}OCH_2CH_2\text{-}O\text{-}CO\text{-}C_6H_4\text{-}CO)n \ H \ + \ n \ H_2O$$

　　達克綸（聚對苯二甲酸乙二酯）

　　石油化學工業中，從石油分餾所得的石油腦（naphtha），經裂解後生成乙烯及對二甲苯。乙烯以銀為催化劑氧化為環氧乙烷後在硫酸存在下水合生成乙二醇。對二甲苯氧化為對苯二甲酸。因此聚酯纖維的原料，來自石油腦，圖 1-5 表示由石油腦至聚酯的化學過程。

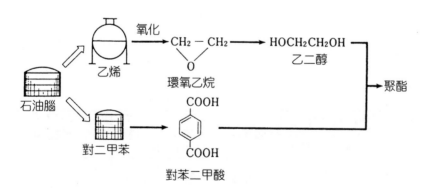

圖 1-5　自石油腦至聚酯的過程

　　聚酯纖維比耐綸纖維的張力強，較耐高溫，廣用於襯衫、西裝等衣料外，也用於雨衣、雨傘及浴簾等。羊毛、棉、麻等纖維與聚酯纖維易混合故混紡以改善布料的特性。圖 1-6 表示混紡棉纖維與聚酯纖維改善布料的例子。

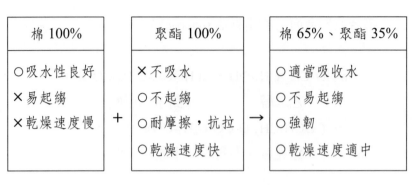

圖 1-6　棉纖維與聚酯纖維混紡

# 1-3　各種纖維的比較

　　纖維因組成的成分不同，各具有不同的共同性質。例如抗拉力、起縐性及燃燒性質等。表 1-1 為各種纖維的性質比較。

表 1-1　各種纖維的比較

| 纖維種類 | | 抗拉力 | | 起縐性 | 酸 | 鹼 | 燃燒情形 |
|---|---|---|---|---|---|---|---|
| | | 乾燥時 | 濕時 | | | | |
| 天然纖維 | 棉 | 強 | 微增強 | 易起縐 | 受損 | 耐鹼 | 易燃，如燒紙的氣味，留一些灰。 |
| | 羊毛 | 弱 | 微變弱 | 不易起縐 | 較耐酸 | 易受損 | 如頭髮燃燒一樣發出臭味燃燒。 |
| 化學纖維 | 嫘縈 | 弱 | 變弱 | 易起縐 | 較易受損 | 耐鹼 | 易燃，燃燒情表與棉相似。 |
| | 聚酯 | 強 | 不變 | 不易起縐 | 耐酸 | 耐鹼 | 熔化而燃，發黑煙，冷卻時尖端變玻璃珠狀，無臭味。 |

　　纖維通常是很細長的分子互相連接以一定方向並行的結構的集合體。拉斷纖維表示切斷分子內原子間的化學鍵結。抗拉性愈強的纖維愈不易拉斷。纖維的抗拉力通常以鋼琴的鋼線為1做基準的比較值。表 1-2 為各種纖維的抗拉力。

表 1-2　各種纖維的抗拉力

| 纖維 | 抗拉力 | 纖維 | 抗拉力 |
|------|--------|------|--------|
| 棉 | 0.17～0.53 | 耐綸 | 0.33～0.67 |
| 麻 | 0.33～0.63 | 聚酯 | 0.33～0.73 |
| 蠶絲 | 0.27～0.40 | 壓克力纖維 | 0.17～0.33 |
| 羊毛 | 0.10～0.15 | 阿拉米德纖維（aramid fiber） | 2.00～2.33 |
| 嫘縈 | 0.18～0.47 | 碳纖維 | 0.33～2.67 |

# 1-4　布料的加工及特殊纖維

## 1-4.1　布料加工

　　為了使天然纖維及化學纖維能夠發揮特別的功能，紡織工業上，往往將布料特別加工。表 1-3 為布料的特殊加工方法及其用途。

表 1-3　布料的特殊加工

| 加工種類 | 目的 | 方法及原理 |
|---|---|---|
| 防水加工 | 使衣類經潑水處理具防水性 | 使用噴霧器噴或塗的方式將聚矽氧樹脂（silicone resin）均勻散佈於布料表面。聚矽氧樹脂的親水性部分進入纖維中與纖維結合，留疏水性部分在纖維表面，因此能夠防水。 |
| 樹脂加工 | 增加布料彈性防縐及防縮 | 棉布料浸入於樹脂溶夜後經高溫處理，使樹脂固定於纖維之間改變其性質。 |
| 防蟲加工 | 防蟲 | 羊毛製的衣類易受蟲害，因此預先將防蟲劑（如有機氯化合物）吸附於羊毛布料所製的衣類可防蟲。 |
| 防菌加工 | 防黴防菌及防臭 | 內衣、襪子及尿布等預先使用防菌、防黴劑吸附於布料纖維可防黴菌及防臭。 |
| 防電加工 | 防止衣類帶電 | 耐綸、聚酯等合成纖維製的衣類，尤其內衣因摩擦產生靜電而脫衣時常發出火花。一般使用界面活性劑處理衣料，可防止衣類的帶靜電。特別是陽離子型及兩性型界面活性劑較有效。 |

## 1-4.2　特殊纖維

### 1. **超纖維**

超纖維（super cellulose），又稱阿拉米德纖維（aramid cellulose）。超纖維為芳香族聚醯胺纖維，具有較一般有機纖維更大的抗拉力及彈性，並耐熱。可製成長繩狀用於海底電纜，織布為防彈衣，亦可做各種纖維的補強劑。

## 2. 碳纖維

碳纖維是由聚丙烯腈纖維（pol-yacrylonitrile fiber）在不活性氣體中加熱 2,000 ～ 3,000℃ 時碳化所成的纖維。其抗拉力較鋼

圖 1-7　碳纖維的應用

強，但重量較鋼低很多，用於釣魚竿、網球拍、高爾夫球棒、腳踏車及航空器材等。圖 1-7 為碳纖維製品。

## 3. 光纖維

光纖維（optical fiber）如圖 1-8 所示，以二氧化矽所製成直徑約 0.12 mm 由折射率大的中心部與折射率小的兩層所構成，透明的細纖維。光纖維能夠將大量的雷射信號傳送到遠處，未來將可替代電通信。

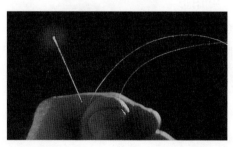
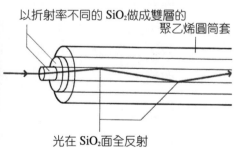

以折射率不同的 $SiO_2$ 做成雙層的
聚乙烯圓筒套

光在 $SiO_2$ 面全反射

圖 1-8　光纖維及其構造

### 4. 防雨水但可排汗水的纖維 —— 透濕防水衣料

防水或合成纖維往往耐雨水但不排汗，因此穿起來有很悶熱之感。將具有微細孔的樹脂與纖維混紡，或使用聚酯的極細纖維所製的衣類，高度收縮成柔軟狀並具防潑水但可透濕氣的性質。圖 1-9 為防潑水透濕衣料所做的衣服。

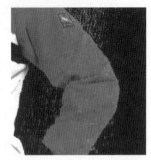

圖 1-9　防潑水透濕衣

### 5. 變色纖維

變色纖維隨溫度改變其顏色也改變，因此又稱變色龍纖維（chameleon fiber）。從有色有機化合物還原所得的無色染料（leucodye）與隨溫度改變能和無色染料反應呈有色的物質封入於微囊（microcapsule）中。將此微囊化的色素塗被於纖維所製的衣服，隨溫度的改變而改變顏色。可用於滑雪衣或潛水衣等。圖 1-10 為變色衣，以吹風機送熱風於衣服，顏色改變，沒有吹到的地方不變色。

圖 1-10　變色衣服

# 1-5　染料

　　自人類使用衣服以來，使用染料染色衣料使衣服看起來更美觀的活動很盛行。埃及金字塔古代法老王的墳墓所發現的衣服中曾使用靛藍（indigo blue）染料。靛藍為熱帶地區所產靛藍樹葉所得的植物性天然染料。一種古代很貴重的染料為泰耳紫（tyrian purple），是從黎巴嫩海邊一小島上的海螺所提煉出的動物性天然染料。從二千個海螺只能提煉很少量（約 1 克）的泰耳紫，價格極貴，而紫色為權力及尊嚴的象徵，只有住在皇宮的貴族才能使用，因此又稱為皇宮紫。另一種古代較常用的植物性天然染料，是從一種茜草植物（madder plant）根部萃取而來的茜素（alizarin）紅色染料，古代人用於染棉布及亞麻布，在埃及金字塔內亦發現使用茜素的遺蹟。圖 1-11 為製造靛藍的靛藍樹。圖 1-12 為製造泰耳紫的海螺。圖 1-13 為製造茜素的茜草植物。

圖 1-11　靛藍樹
（利用其葉）

圖 1-12　製泰耳紫的海螺
（從分泌物）

圖 1-13　茜草植物
（利用根部）

1856 年英國何夫曼研究所的年輕助理研究員派京（William Perkin）以苯胺合成瘧病特效藥的奎寧（quinine）過程中，偶然發現紫色物質，試驗結果，這紫色物質具有符合作為染料的特性，取名為毛斐（mauve）。只有十九歲的派京立即在倫敦郊外蓋工廠量產毛斐染料。此紫色合成染料為巴黎上流階級的婦女所喜愛，不久流行於全歐洲。

自從派京成功合成染料後，靛藍、茜素等亦能由合成方式製得，今日幾乎所有的染料都是化學合成的產品，使我們能使用更便宜而美麗的衣料。

## 1-5.1 染色的機構

### 1. 發色基與助色基

合成染料為分子中具有發色基（chromophore）及助色基（auxochrome）的物質。分子結構中有發色基的會產生顏色，助色基則可增強發色基產生的顏色。表 1-4 為發色基及助色基。

表 1-4 染料的發色基及助色基

| | 結構及名稱 |
|---|---|
| 發色基 | -N=O 亞硝基，-N=N- 偶氮基，$>C=C<$ 乙烯基，-NO$_2$ 硝基，$>C=O$ 酮基 |
| 助色基 | -OH 羥基，-Cl,-Br 鹵基，-NH$_2$ 胺基，-COOH 羧基，-SO$_3$H 磺酸基，-NHR 第二胺基 |

## 2. 染色的過程

染料溶解於水後，染料分子與纖維之間必須有一種力量使染料分子與纖維結合在一起（如圖 1-14），才不會褪色或變色。使染料分子與纖維結合的方式，隨染料與纖維種類的不同而不同，可分為下列數項方式。

圖 1-14　染色的過程

(1) **離子結合**　染料分子與纖維分子具有陽離子或陰離子，以靜電吸引力結合在一起。蠶絲、羊毛或耐綸纖維分子中含有胺基或羧基等在水中為離子的結構，因此這些纖維能夠與具有陽離子或陰離子的染料結合。

(2) **氫鍵結合**　染料與纖維分子間能夠產生氫鍵者，例如染料或纖維分子具有羥基（-OH）或胺基（$-NH_2$）者，能以 -O-H…O=C 等氫鍵方式結合。

(3) **共價結合**　有的染料分子能夠與纖維素的羥基，蠶絲或羊毛纖維的胺基起化學反應產生共價鍵。

(4) **凡得瓦力結合**　染料的分子與纖維分子互相接近時所生成弱的分子間吸引力的結合，因結合力較弱，較易褪色。

# 1-5.2　染料的分類

如前所述，天然染料與合成染料的分類外，可依照染色法分類為：

1. **直接染料**

　　直接染料為中性的鹽類，易溶於水，與纖維分子以凡得瓦力結合。因為是水溶性，能直接進入木棉或嫘縈等纖維內染色，但亦易褪色。

2. **酸性染料**

　　染料分子中含有酸性基（$-SO_3H$, $-COOH$）與纖維分子中的鹼性基（蠶絲、羊毛及耐綸等纖維的胺基）間以離子結合成安定的染色。

3. **鹼性染料**

　　染料分子中含胺基等鹼性基與鹽酸形成鹽的染料，溶於水後解離，與纖維的酸性基（$-COOH$）離子結合成安定的染色。

4. **甕染料**

　　甕染料（vat dye）為無色、水溶性具還原性質的染料。溶於水後使其浸入於纖維後，取出曝露於空氣中使其氧化，或加入化學氧化劑等，使染料分子氧化成不溶於水的彩色分子。甕染料自古代就有，因靛藍不溶於水，使靛藍發酵還原為可溶於水的靛藍，染布後取出在空氣中氧化成不溶於水而染於布上的靛藍。甕染料為合成染料中染色最堅牢的染料。

5. **媒染染料**

　　媒染染料（mordant dye）都不溶於水。使用易溶於水的鋁、鉻、鐵、錫鹽為媒染劑（mordant）預先吸附於纖維時，

金屬離子與染料分子形成彩色不溶性鹽能夠使纖維與染料分子結合。茜素為典型的媒染染料。茜素用鋁媒染劑時呈紅色、用錫媒染劑時呈橙色、鉻媒染劑時呈栗色，而鐵媒染劑時呈暗紫色。圖 1-15 為染料的歸納分類。

| 種類 | 染色的模式 | 特性 | 例 |
|---|---|---|---|
| 直接染料 | 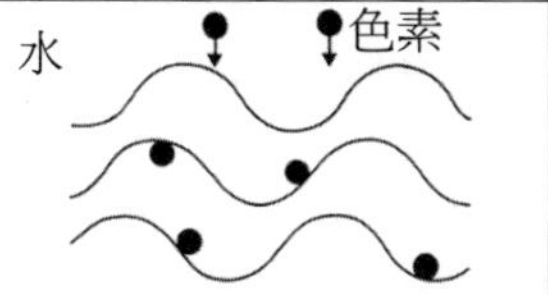 水　　色素 | 可溶於水，直接染色於動物植物性纖維，較易褪色 | 偶氮染料毛斐染料 |
| 酸性染料鹼性染料 | 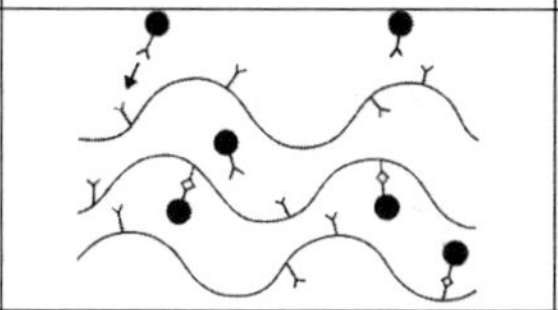 | 分子中具有-COOH, -SO₃H 酸性基或 -NH₂ 鹼性基，纖維中含有相反性質基以離子結合 | 偶氮染料橙色 II |
| 甕染料 | 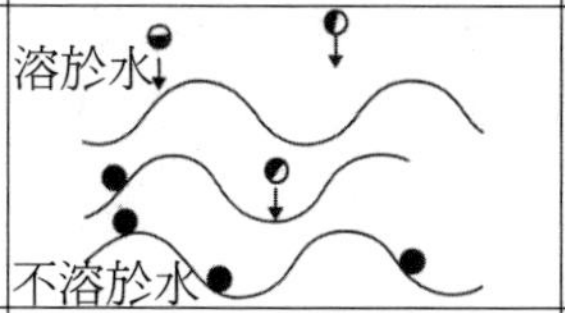 溶於水　　　不溶於水 | 染料分子浸於水，浸入纖維後經氧化處理成不溶於水的染色布 | 靛藍泰耳紫 |
| 媒染染料金屬離子 | 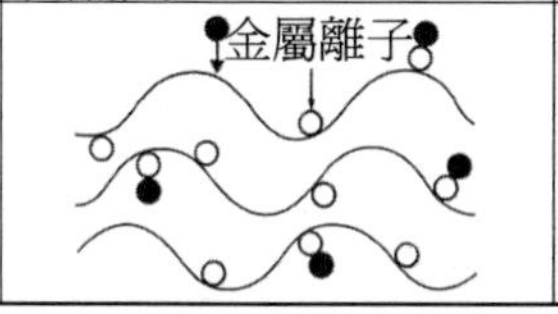 金屬離子 | 使用金屬鹽為媒染劑吸附於纖維後，以金屬離子與染料結合方式染色 | 茜素 |

圖 1-15　染料的分類

## 1-5.3　染色的過程

纖維的染色有各種方式。最簡單的方法是將染料溶於水後，將纖維放入於染料水溶液中染色的直接法。直接染色法可

用於羊毛或絲織品的染色。

　　媒染染料較不易溶於水，對棉、蠶絲或羊毛纖維無直接結合的能力。將這些纖維浸漬於含一些金屬離子（如鋁、鉻、鐵或錫等）的溶液後，再浸漬於染料溶液時，金屬離子做媒介而染色的方法稱爲媒染法。同一染料所染的顏色隨媒染金屬的不同而呈不同的顏色。例如，茜素染料，使用鋁鹽爲媒染劑時呈紅色，使用錫鹽時呈橙色，使用鉻鹽時呈栗色，使用鐵鹽時呈暗紫色。

　　靛藍染料爲可溶於水的無色具還原性的染料。靛藍溶於盛水的甕中並將纖維浸漬，俟纖維吸收染料成分後，取出曝露於空氣中或以化學氧化劑處理，染料經氧化而呈色。如此染色的方法稱爲甕染法或建染法。

　　以上各染色方法中，對棉纖維常用直接法及甕染法。羊毛的染色，使用直接法及媒染法。耐綸纖維常用媒染法染色。

## 1-5.4　染料與顏料

　　使物體著色的色素可分爲染料與顏料（pigment）。染料如上述必須與著色物體結合，但顏料通常只塗在物體的表面。染料通常可溶於水，顏料不溶於水，主要用途爲製飾、印刷油墨及塑膠的著色等。表 1-5 爲染料與顏料的比較。

表 1-5 染料與顏料

| | 染料 | 顏料 |
|---|---|---|
| 原料 | 煤、石油或植物 | 礦物 |
| 成分 | 碳、氫、氧、氮的化合物 | 金屬化合物 |
| 水溶性 | 易溶於水 | 難溶於水 |
| 用途 | 纖維的染色 | 油墨、油畫料、水彩 |

# 1-6 肥皂及合成清潔劑

　　一國文化的程度可由肥皂及合成清潔劑的消耗量來推定。的確，肥皂及合成清潔劑已深入每一家庭及社會的各角落以維持個人及環境的整潔。肥皂的歷史很久，約 5000 年前，羅馬時代的初期，人們在沙普耳（Sapor）丘燒羊爲犧牲品祭神的習慣，這時從祭壇滴下的羊脂與木灰反應生成肥皂，浸入於土壤中。人們發現這土壤遇水會起泡並可溶解油漬。據聞這是肥皂（soap）的由來。到中世紀在地中海地區，以橄欖油及海藻灰製造肥皂。當時肥皂是一種奢侈品，現在從牛油、椰子油、棕櫚油等與氫氧化鈉的皂化反應可大量製造，已成爲便宜而人人可得的現代生活必需品。隨石油化學工業的發達，肥皂的代用品的合成清潔劑更能大規模生產占所有包括肥皂在內清潔劑的 70% 以上。因爲肥皂及合成清潔劑的普及，可維持清潔的生活，惟這些清潔劑的廢液所引起河川水質的汙染問題，亦成現代人所要面臨的問題。

## 1-6.1 肥皂

肥皂為硬脂酸或其他脂酸的鈉鹽或鉀鹽,易溶於水,其水溶液具有清潔作用。

### 1. 肥皂的製造

牛油與氫氧化鈉溶液共同加熱時,牛油中的硬脂酸甘油酯(典型的脂肪)與氫氧化鈉反應,皂化為硬脂酸鈉(即肥皂)與丙三醇(俗稱甘油)。

$$(C_{17}H_{35}COO)_3C_3H_5 + 3NaOH \rightarrow 3C_{17}H_{35}COONa + C_3H_5(OH)_3$$
硬脂酸甘油脂　　　氫氧化鈉　　　硬脂酸鈉　　　　丙三醇

肥皂亦可由硬脂酸直接與氫氧化鈉共熱而製得,惟此時不產生甘油。

$$C_{17}H_{35}COOH + NaOH \rightarrow C_{17}H_{35}COONa + H_2O$$
硬脂酸　　　氫氧化鈉　　　硬脂酸鈉　　　水

生成的肥皂不溶於食鹽溶液中,因此皂化完成的溶液中加入食鹽時,肥皂將浮在水面。加食鹽使肥皂析出的過程稱為鹽析(salting out)。如此所得的肥皂為粗肥皂。圖 1-16 為實驗室製造肥皂的圖解。

### 2. 肥皂的清潔作用

身體、衣服、食器等因塵埃、泥砂等汙染部分可用水洗去

圖 1-16　肥皂製造過程

食用油
氫氧化鈉
酒精
水

飽和食鹽水
以濾紙夾住
吸收水分

圖 1-17　衣服的汙染

從身內排出的汗及垢

灰塵

食物殘渣

除，但不能水洗去除的部分，多數由於油漬成分。這些油漬一部分是由汗或身體毛孔所排出的脂質外，還有由飲食食物時沾到的（如圖 1-17）。

　　兩種不同相的交界通常稱為界面，在各界面都有使界面減小的力作用，此力稱為界面張力又稱表面張力（surface tension）。一物質具有親水基及親油基，能使水的表面張力降低，因此易溶於水及油，此物質稱為界面活性劑（surfactant）。

　　肥皂為典型的界面活性劑。圖 1-18 表示肥皂分子結構。由長鏈的烴鏈的親油性部分及親水性的離子部分所成。洗濯衣類時，如圖 1-19 所示親油性的烴長鏈部分浸入油汙內，親水部分向外，將油汙帶入水中。親油性部分深入油汙內，經手扭搓或洗衣機的旋轉，將油汙更細分，散開於水溶液中排出。如此，不會溶於水的油汙變成小粒子而分散於水中的作用稱為乳化作用（emulsification）。

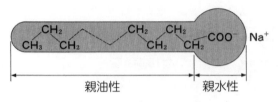

圖 1-18　肥皂的分子結構

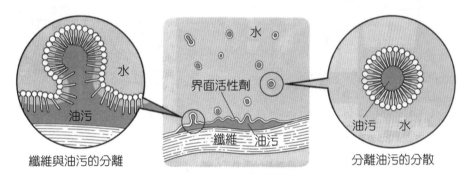

圖 1-19　肥皂的洗淨作用

　　肥皂在食鹽水、海水及硬水（含 $Ca^{2+}$、$Mg^{2+}$ 的水）中不起作用，因為這些水中含 $Mg^{2+}$、$Ca^{2+}$ 等金屬離子，肥皂的親水基部分與這些陽離子結合成不溶於水的鹽之故。到溫泉洗澡時，肥皂不易起泡的理由亦相同，溫泉水中含 $Ca^{2+}$ 及 $Mg^{2+}$ 較普通水多之故。肥皂水溶液為弱鹼性溶液，因此不適合於蠶絲或羊毛纖維所製衣服的洗濯，因為蠶絲及羊毛耐酸但不耐鹼。

## 1-6.2　合成清潔劑

### 1.　合成清潔劑的結構與種類

　　合成清潔劑的出現解決肥皂的問題。合成清潔劑的結構與肥皂相似，如圖 1-20 所示，由烴所成長鏈的親油基與磺酸基 $-OSO_3^-$ 等的親水基構成。合成清潔劑與 $Ca^{2+}$ 或 $Mg^{2+}$ 的結合力較弱，因此不產生沉澱，在海水、硬水及溫泉水都能夠使用。合成清潔劑的水溶液是中性溶液，因此可做蠶絲或羊毛衣服的洗濯之用。圖 1-20 為合成清潔劑的分子結構：(a) 烷基硫酸鈉（sodium alkylsulfate），為一種陰離子界面活性劑，常用於洗濯衣服。(b) 烷基聚氧乙烯醚（alkylpolyoxyethylene ether）為一種非離子性界面活性劑，在水中不游離成離子，可做乳化劑。表 1-6 表示界面活性劑的分類與其特性及用途。

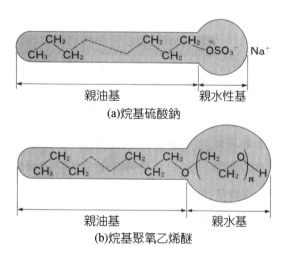

圖 1-20　合成清潔劑的分子結構

表 1-6 界面活性劑

| 分類 | 親水基 | 特性 | 用途 |
|---|---|---|---|
| 陰離子型 | -COO⁻ Na⁺<br>-SO₃⁻ Na⁺ | 不能用於海水、硬水<br>可在海水、硬水使用 | 肥皂<br>洗濯衣類、洗髮 |
| 陽離子型 | -N⁺(CH₃)₃Cl⁻ | 帶肥皂相反電荷 | 柔軟劑、潤絲精 |
| 兩性型 | -N⁺(CH₃)₂CH₂COO⁻ | 在分子中同時生成陽離子及陰離子 | 工業用清潔劑 |
| 非離子型 | -O(CH₂CH₂O)ₙ-H | 在水中不游離 | 乳化劑 |

## 2. 合成清潔劑的補助劑

合成清潔劑的另一種優點是可適當加補助劑（builder）以提高其洗淨效果。加入合成清潔劑的補助劑有：

(1) **硫酸鈉** 硫酸鈉（$Na_2SO_4 \cdot 10H_2O$）為中性的鹽，不會傷害纖維而增加洗淨能力。

(2) **矽酸鈉** 矽酸鈉（$Na_2SiO_3 \cdot 5H_2O$）溶解於水呈鹼性。一般清潔劑的洗淨效果隨 pH 值的增加而增加，加入矽酸鈉可提升 pH 值，加強洗淨能力。矽酸鈉亦可防止金屬的腐蝕，膠態矽酸能夠吸附汙染粒子，故可防止再汙染。

(3) **磷酸鈉** 早期的合成清潔劑使用焦磷酸鈉（$Na_4P_2O_7$）以改良品質，後來使用三磷酸鈉（$Na_5P_3O_{10}$）。這些磷化合物能夠與硬水中的鈣離子、鎂離子反應生成鉗化合物，使水軟化並有助於 pH 值的調整，而且易於去除塵埃亦可做乳化劑。惟近年來環境學者發現，使用含磷肥皂粉洗衣後排放的廢水流到河川或水溝及池湖時，在水中累積營養分，使河川優養化，造成如藻類等植物性浮游生物大量繁殖，不但使水質混濁，消耗水中的溶氧量，妨害魚貝類的生存。因此市面出售無磷肥皂粉。

(4) **沸石**　沸石（zeolite）的主成分爲 $Na_2Al_2Si_2O_8$。沸石遇到硬水中的鎂離子或鈣離子能夠起交換反應（如圖1-21）使水軟化。

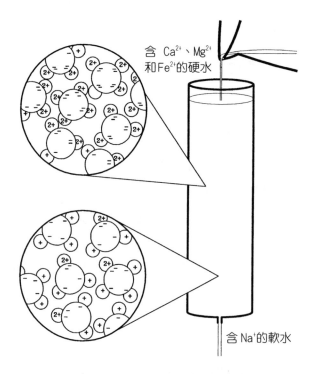

含 $Ca^{2+}$、$Mg^{2+}$ 和 $Fe^{2+}$的硬水

含 $Na^+$的軟水

圖 1-21　使用沸石軟化硬水

$$Ca^{2+} + Na_2Al_2Si_2O_8 \rightarrow 2Na + CaAl_2Si_2O_8$$

(5) **酵素**　衣類汙染多數爲蛋白質類的，因此在清潔劑中添加蛋白質水解酶 (proteolytic enzyme) 時，可分解蛋白質汙染。如添加澱粉分解酶 (amylolytic enzyme) 時，可分解澱粉汙染物。市售洗衣粉中含酵素的理由在此。

(6) **螢光光亮劑**　普通纖維呈淡黃色，惟因洗濯顏色會變濃，因此添加能夠發出藍到紫色的染料時，可看到純白色。螢光光亮

劑隨纖維不同而有不同配方，惟近年來有螢光劑對人體有不良
效應的報導。

# 1-6.3　洗濯與漂白

## 1.　硬性及軟性清潔劑

　　早期使用的合成清潔劑不會被自然界的微生物分解，稱爲
硬性清潔劑。硬性清潔劑的泡沫不易消除，因此浮在水溝及河
川的水面，隔絕了空氣與水的接觸，以致水中溶氧量減少，影
響水生小動物的生存。其後製造的合成清潔劑分子改變爲能夠
被微生物分解的清潔劑，稱爲軟性清潔劑。軟性清潔劑的泡沫
較易消除，減低泡沫汙染的機會。

## 2.　乾洗

　　衣類上的油汙有時無法以清潔劑及水來清除。使用
水以外的溶劑來洗濯的方法稱爲乾洗（dry cleaning）。
1820 年法國服裝職業師布郎（J. Brown）使用從植物調製
的松節油（turpentine oil）洗羊毛或蠶絲等動物性衣料爲最
初乾洗的報告。其後由於工業技術的進步，使用四氯乙烯
（tetrachloroethylene, $Cl_2C=CCl_2$）、三氯乙烷（trichloroethane,
$CCl_3CH_3$）等含氯碳氫化合物；石油醚（benzine）、汽油等碳
氫化合物；佛利昂 113(freon-113, $C_2Cl_3F_3$）等含氯、氟碳化物
等代替松節油做乾洗用的溶劑。惟這些乾洗劑各具有易引火
性、毒性及破壞臭氧層等缺點。以往的乾洗的主要目的在於去

除油性汙染，因此有對於水溶性汙染無法去除的缺點。現今使用陰離子性及非離子性的界面活性劑做乾洗溶劑，不但可去除油性汙染，同時可去除水溶性汙染。

## 3. 漂白

天然纖維含一些不純物，很少有純白色的。汗衫等穿久亦會變淡黃色，除去布料中微量色素的過程稱爲漂白。一般漂白劑能夠氧化或還原色素的有機化合物。家庭用的漂白粉爲消石灰吸收氯所成的粉末〔CaCl(OCl)〕。漂白粉與色素

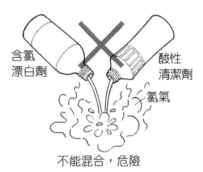

含氯漂白劑　酸性清潔劑　氯氣

不能混合，危險

圖 1-22　混合清潔劑的危險

相遇時，氧化色素並分解色素。使用漂白粉時，不要與洗潔廚房或廁所所用酸性清潔劑（含鹽酸）混在一起，否則兩者會反應生成有毒的氯（圖 1-22）。

使用漂白粉來漂白的，稱爲氧化漂白，使用二氧化硫或亞硫酸（$H_2SO_3$）來漂白的，稱爲還原漂白。硫在空氣中燃燒時生成二氧化硫氣體。潮濕的二氧化硫或二氧化硫的水溶液有漂白作用。圖 1-23 爲瓶中的紅花被二氧化硫還原漂白的例子，被漂白的花中加氧化劑的過氧化氫（雙氧水）時，顏色再出現。

二氧化硫溶解於水時產生亞硫酸。亞硫酸具有能夠奪取其他化合物的氧的性質，因此亞硫酸是一種還原劑。多種有機色素遇到亞硫酸時，被還原成無色。因此亞硫酸爲一種很好的漂白劑，可用於漂白蠶絲、羊毛或草帽等，惟被漂白的物質，久置空氣中受氧化逐漸恢復原來的顏色。

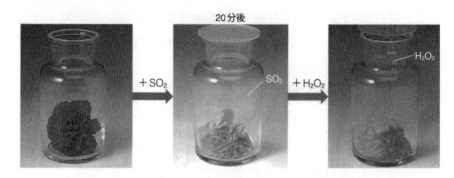

20分後

$+SO_2$　$SO_2$　$+H_2O_2$　$H_2O_2$

圖 1-23　紅花被二氧化硫漂白加雙氧水顏色再出現

## 1-6.4　汙漬處理法

衣類及其他纖維製品，經常因飲食或其他因素而產生汙漬。汙漬應盡快處理，否則與空氣接觸久產生氧化或與其他物質起交互作用結果很難去除。汙漬因來源的不同，有的以有機溶劑處理，有的需用化學藥劑來處理。

### 1.　溶劑處理

油脂造成的汙漬通常使用揮發油或四氯化碳溶解後，以水充分沖洗外，其他的處理方法如下：

⑴ **糖水、鹽水或茶**　通常立刻以大量的溫水沖洗就可。

⑵ **油脂、蠟**　使用揮發油、四氯化碳、乙醚、氯仿等有機溶劑溶解除去後，用水沖洗。

⑶ **油漆、煤渣、機油**　使用四氯化碳、松節油等有機溶劑溶解。

⑷ **血液**　使用大量的冷水來洗滌，如使用熱水時能使血液中的蛋白質成分凝固以致增加洗滌的困難，新鮮血漬以清水洗滌

後，使用過氧化氫處理，再用冷肥皂水洗滌可洗清。

⑸　**肉汁**　使用揮發油或四氯化碳洗去肉汁中的油脂後，再用溫水或溫肥皂水洗淨。

⑹　**墨汁**　使用溫肥皂水洗滌，如仍不能除去墨汁汙漬時，使用米煮成漿糊狀後，塗於布料的墨汁汙漬上面。以乾淨的布從汙漬布料的上下方夾取汙漬並絞拭汙漬數次，可除去墨汁汙漬。

## 2.　**化學藥劑處理**

⑴　**藍墨水**　使用稀草酸溶液洗藍墨水漬成無色後，用清水洗滌，再用稀氨水中和過剩的草酸，最後以大量清水沖洗。

⑵　**鹼液（氫氧化鈉、碳酸鈉等溶液）**　使用大量清水洗滌後，用稀醋酸中和尚剩的鹼，再用清水沖洗。

⑶　**果汁**　使用稀氨水中和果汁所含的有機酸（如檸檬酸、蘋果酸等），再用肥皂水洗滌後用清水沖洗。

⑷　**汗漬**　使用稀氨水洗去汗中的少量脂肪成分，再用清水洗滌。如仍不褪時，使用揮發油擦洗。

⑸　**尿漬**　將 100 毫升的酒精加入於 2 公升的清水後，再加 5 毫升的硝酸於此酒精水溶液中。攪拌均勻後，將尿漬衣服浸漬於此洗液中充分浣洗，再用清水洗後，加少量稀氨水中和剩餘的酸，最後以大量清水洗淨。

# 2
CHAPTER

## 食的化學

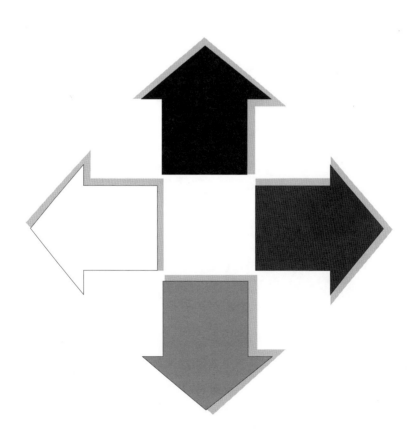

# 2

## CHAPTER

# 食的化學

民以食爲天，國人講究飲食之道。人體爲了維持生命與健康，每日攝取食物。食物對人體的主要功能爲：(1) 構成人體的組織；(2) 維持體溫；(3) 供給能量。食物中能夠供給上述功能的營養物質稱爲營養素。人體必要的營養素有醣類、蛋白質、脂肪、無機鹽及維生素等五種。空氣及水也是人體生存必需的物質，但在自然界豐富存在，通常不列入食物中的營養素裡。圖 2-1 爲食物中的營養素及對人體的功能。

以人體當作如圖 2-2 所示的工廠來說明營養素對人體的功用。工廠係由屋樑及屋頂所構成的建築物，其中有各種機器及鍋爐等。要開動工廠的機器需要能量及潤滑油等，因此必須補給醣類、蛋白質、脂肪及維生素等營養素。

營養素中的蛋白質擔任組織人體工廠建築物的建材，工廠中相當於血管及消化器官的轉運帶或機器等的角色；醣類和脂肪可做開動機器的動力源；維生素相當於潤滑油的功能；鈣等無機鹽做建築物的骨架等用途。

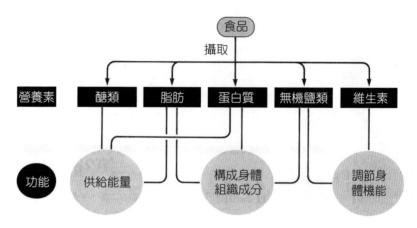

圖 2-1 食物中的營養素及對人體的功能

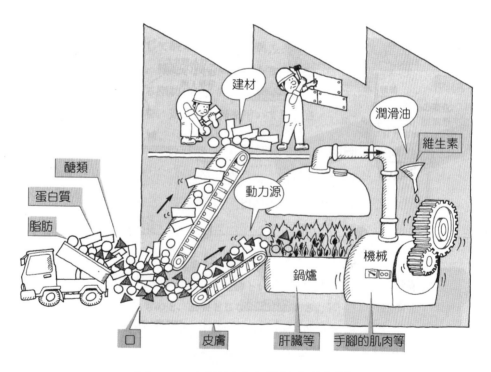

圖 2-2 人體工廠中營養素的任務

　　營養素中攝食較多的醣類、蛋白質及脂肪特稱爲三大營養素。表 2-1 爲 100 克食物中所含三大營養素及水分的量。

### 表 2-1　食物（100 克）的營養組成

| 食物 | 能量（kJ） | 醣類（g） | 蛋白質（g） | 脂肪（g） | 水分（g） |
|------|-----------|-----------|-------------|-----------|-----------|
| 白米（煮過） | 619 | 31.7 | 2.6 | 0.5 | 65.0 |
| 麵包 | 1088 | 48.0 | 8.4 | 3.8 | 38.0 |
| 馬鈴薯 | 322 | 16.8 | 2.0 | 0.2 | 79.5 |
| 蛋 | 678 | 0.9 | 12.3 | 11.2 | 74.7 |
| 牛肉 | 975 | 0.3 | 18.3 | 16.4 | 64.0 |
| 大豆 | 1745 | 23.7 | 35.3 | 19.0 | 12.5 |
| 奶油 | 3117 | 0.2 | 0.6 | 81.0 | 16.3 |

　　由表 2-1 可知米或麵包含醣類較多，蛋、肉、大豆含蛋白質較多，而奶油含脂肪最多。脂肪每公克能產生 9 千卡熱量相當於 37.6kJ；蛋白質或醣類每公克能產生 4 千卡的熱量，相當於 16.7kJ；國人每日所攝食的醣類約 300 克、蛋白質 70 克、脂肪 70 克、無機鹽及維生素約 10 克。這些食物的總能量爲 2,000 千卡到 3,000 千卡即 9,000 ～ 13,000kJ。

　　隨著經濟的發展及生活水準的提升，國人的飲食生活從米、麵包及饅頭的主食轉移到米果、速食麵、料理包、冷凍食品等，使生活更有效率，飲食生活更豐盛。由於加工食品的氾濫，食的化學裡食品添加劑亦占一重要地位。了解食品添加劑的功效並愼重使用，對健康的飲食生活很重要。

# 2-1　醣類

　　國人主食的米、麵包及饅頭等主要成分為澱粉，澱粉屬於醣類。醣類通式為 $C_m(H_2O)_n$，其中氫與氧的原子數比為 2：1，如同水分子一樣，因此醣類又稱為碳水化合物。

　　澱粉的名稱是由沉澱的粉末而來。植物藉陽光的光能，在葉綠素使水與空氣中的二氧化碳，經光合作用（圖 2-3）製作澱粉，貯藏於種子、根、果實或莖。如將米、麥或馬鈴薯磨碎，裝入布袋中，在水裡用手揉擠時，澱粉由袋纖維的空隙間透出沉於水底。取出乾燥後可得白色細粒粉狀的澱粉。

圖 2-3　光合作用

　　將米飯、麵包或饅頭在嘴中繼續咬嚼時，逐漸增加甜味。這是因為唾液中含有一種叫作澱粉酶 (amylase) 的酵素分解澱粉成較具甜味的麥芽糖。麥芽糖為兩個葡萄糖分子結合而成的雙醣。麥芽糖在腸內被腸中的麥芽糖酶 (maltase) 分解為葡萄糖由小腸吸收，在細胞內分解為水與二氧化碳同時放出能量做為運動能及維持體溫的能源。小腸吸收的葡萄糖一部分以肝糖（glycogen）貯藏於肝臟及筋肉內。圖 2-4 為澱粉分子切斷成麥芽糖分子，麥芽糖分子再切斷為葡萄糖分子的過程。

　　葡萄糖為最小單位的糖，因為葡萄糖不會因酵素或酸來分解為更簡單的糖，因此稱為單醣類。如麥芽糖等由兩個單醣類的葡萄糖結合而成的稱為雙醣類。澱粉為多數單醣類結合而成的，稱為多醣類。

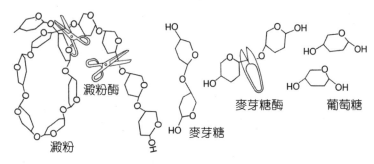

圖 2-4　澱粉的分解

## 2-1.1　單醣類

生物體內的單醣類，多爲六碳醣，分子式爲 $C_6H_{12}O_6$，單醣類易溶於水，有甜味，主要的有下列 3 種。

### 1.　葡萄糖

天然存在於葡萄、蜂蜜及各種果實中。人體血液中含葡萄糖約 0.1%，血糖含量超過此濃度的爲糖尿病患者，必須控制飲食或打胰島素方式，使血液中的葡萄糖含量不致太高。工業上以澱粉爲原料，用稀硫酸或稀鹽酸爲催化劑，使澱粉加水分解爲葡萄糖。

$$(C_6H_{10}O_5)_n + nH_2O \xrightarrow{\ H^+\ } nC_6H_{12}O_6$$

澱粉　　　　　　　　　　　　葡萄糖

葡萄糖能夠直接爲人體組織吸收，故生病體弱或開過刀的人，通常將葡萄糖溶液與其他藥劑混合，經靜脈注射入體內，

可供治療、強心、解毒、利尿、止血等作用外,為患者最佳的營養劑。葡萄糖在體內經氧化反應成二氧化碳與水,並放出大量能成為人體維持生命的能源。

$$C_6H_{12}O_6 + 6O_2 \rightarrow 6CO_2 + 6H_2O + 2800kJ$$

葡萄糖的分子結構含有醛基(-CHO)因此具有還原性,能使斐林試液還原為紅色的氧化亞銅沉澱。葡萄糖亦能夠使硝酸銀的氨水溶液還原,在試管管壁生成銀鏡。圖 2-5 為檢驗葡萄糖的斐林試驗及銀鏡反應。

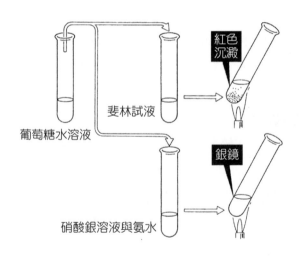

圖 2-5   葡萄糖的檢驗

2. **果糖**

    果糖存在於水果及蜂蜜中。果糖分子式 $C_6H_{12}O_6$,為葡萄糖的同分異構物。果糖分子結構中有羰基(-C=O)還原力較弱,與斐林試液不起反應。果糖不易結晶,多成黏稠液體,經

冷凍乾燥成為白色針狀晶體，易溶於水，果糖是在各種糖中甜味最強的糖，其甜味不但較葡萄糖為強，且為蔗糖甜味的兩倍。

3. **半乳糖**

　　半乳糖也是葡萄糖的同分異構物。沒有天然游離態存在半乳糖，但植物界與哺乳動物的乳汁中有乳糖。乳糖經加水分解即生成半乳糖。

$$C_{12}H_{22}O_{11} + H_2O \xrightarrow{\quad H^+ \quad} C_6H_{12}O_6 + C_6H_{12}O_6$$

　　　　乳糖　　　　　　　　　　葡萄糖　　半乳糖

　　半乳糖在水中的溶解度較少，分子結構中含醛基，故具有還原糖的一般性質。半乳糖是腦組織的成分之一，故是一種很重要的營養素。

## 2-1.2　雙醣類

　　醣經加水分解後可得兩個單醣分子的稱為雙醣，其分子式為 $C_{12}H_{22}O_{11}$。較重要的雙醣類有蔗糖、麥芽糖及乳糖。

1. **蔗糖**

　　日常家庭最常用的糖為蔗糖，大量存在於甘蔗的莖部及甜菜的根部。製糖過程的第一步是榨取甘蔗的液汁，加石灰乳於甘蔗液汁中並加熱，使汁中的蛋白質凝固，汁中的有機酸成鈣

鹽沉澱。再通入二氧化碳於汁中使過剩的鈣成碳酸鈣沉澱。過
濾後澄清的甘蔗汁在真空蒸發鍋爐中煮沸趕出水分。冷卻後即
有粗糖結晶。以離心分蜜機分離蔗糖晶體與糖蜜即得粗糖。將
粗糖溶於水，過濾除去固體夾雜物並通過骨碳層脫色後，再以
真空蒸發鍋爐蒸發水分，可得精製過的白色蔗糖。

　　蔗糖滋味甘甜，不但是重要的調味料、製糖果，而且亦有
防腐作用。蜜餞為水果經蔗糖處理過的較耐久的嗜好食品。蔗
糖加水分解生成葡萄糖和果糖。

$$C_{12}H_{22}O_{11} + H_2O \xrightarrow{H^+} C_6H_{12}O_6 + C_6H_{12}O_6$$

　蔗糖　　　　　　　　　　　葡萄糖　　果糖

　　蔗糖加熱到160℃，熔
化成飴狀液時，再加熱到
200℃，變暗褐色的焦糖。焦糖
應用於飲料及醬油的著色劑。
蔗糖遇到濃硫酸時，如圖2-6
所示，分子中的水被濃硫酸脫
水作用而剩下黑色的碳。

圖2-6　蔗糖與濃硫酸

## 2. 麥芽糖

　　澱粉受到麥芽、唾液或胰液中的麥芽糖酶的作用時起加水
分解，生成麥芽糖。

$$2(C_6H_{10}O_5)_n + nH_2O \xrightarrow{麥芽糖酶} nC_{12}H_{22}O_{11}$$

　　澱粉　　　　　　　　　　　　麥芽糖

　　麥芽糖俗稱飴糖。純麥芽糖為無色針狀晶體，一般多成塊狀，易溶於水，甜味不及蔗糖。麥芽糖具有還原性，能使斐林試液生成紅色沉澱，麥芽糖與稀硫酸共煮時，加水分解為兩分子的葡萄糖。

$$C_{12}H_{22}O_{11} + H_2O \xrightarrow{H^+} 2C_6H_{12}O_6$$

麥芽糖　　　　　　　　　　葡萄糖

　　麥芽糖經水解能變為葡萄糖，多用於幼兒的食品及調味料。

## 3. 乳糖

　　乳糖存在於哺乳動物的乳汁中，新鮮牛奶約含 5% 的乳糖，人奶中約含 7% 的乳糖。乳糖亦存在於木犀科植物等數種植物中。從牛奶除去脂肪及乾酪後，加熱濃縮所剩的乳清，除去水分即可得無色結晶的乳糖。乳糖比其他糖易溶於水，惟甜味不及蔗糖。表 2-2 為以蔗糖的甜度為 100 時，其他糖甜度的比較。乳糖經過水解，生成一分子的葡萄糖及一分子的半乳糖。

$$C_{12}H_{22}O_{11} + H_2O \xrightarrow{H^+} C_6H_{12}O_6 + C_6H_{12}O_6$$

乳糖　　　　　　　　　　葡萄糖　半乳糖

表 2-2 各種糖甜度的比較

| 糖名 | 甜度 |
|------|------|
| 蔗　糖 | 100 |
| 果　糖 | 173 |
| 葡萄糖 | 74 |
| 乳　糖 | 15 |
| 麥芽糖 | 32 |

乳糖溶液放在空氣中易受乳酸菌作用，發酵變成乳酸為牛奶放久變酸的原因。

$$C_{12}H_{22}O_{11} + H_2O \xrightarrow{\text{乳酸菌}} CH_3CH(OH)COOH$$

乳糖　　　　　　　　　　　　　乳酸

乳糖可被特殊的乳糖酶發酵後產生乳酸，成為各種乳酸菌的營養飲料。此外乳糖常用於嬰兒食品的調味料及醫藥劑的糖衣，不但保護藥劑亦可使藥劑易於服用。

## 2-1.3 多醣類

多醣類為多數單醣分子聚合而成，是在自然界分布很廣且產量很多的高分子化學物。多醣類的分子式以 $(C_6H_{10}O_5)_n$，其中的 n 約由數千到數萬，分子量約數十萬之多。重要的多醣類有澱粉、糊精、肝糖及纖維素四種。

1. **澱粉**

　　三大營養素之一的醣類其代表性物質爲澱粉。如前述澱粉是植物藉陽光自二氧化碳與水的光合作用所製造，並貯藏於種子、果實或根等部位之中。澱粉的分子很大，但在人體內受唾液或腸液內的酶的影響而形成葡萄糖，爲人體所吸收。

　　澱粉不溶於水。但遇熱水時，澱粉顆粒膨脹而破裂與水成漿狀溶液。澱粉遇到碘的碘化鉀溶液時呈深藍色，可作爲檢驗澱粉的方法。

　　國人以米及麥爲主要糧食，在食生活中澱粉占食物的一大半。此外，大量澱粉用於製造葡萄糖、糊精、麥芽糖、酒及酒精的原料。

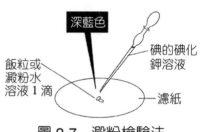

圖 2-7　澱粉檢驗法

2. **糊精**

　　將澱粉加熱到 160 ～ 200℃，或加稀酸微熱，或受澱粉酶的作用時變成糊精（dextrin）。糊精爲白色粉末，易溶於冷水中成黏性溶液。用於郵票及信封的黏合劑、製藥劑的稀釋劑及乳化劑。在紡織工業中做紡織品糊料等用途。

3. **肝糖**

　　肝糖（glycogen）又稱爲動物澱粉肝糖。肝糖爲貯藏於人體內的營養澱粉，存在於肝臟、肌肉等所有組織中。如前述肝糖是小腸吸收的一部分葡萄糖在肝臟聚合所成的。肝糖在肌肉組織中經氧化作用放出能量，爲人體運動及維持體溫之用。

## 4. 纖維素

纖維素爲構成植物細胞壁的主要成分，存在於棉、麻、竹、稻草及木材等組織中。棉的纖維是近於純粹的纖維素。纖維素分子式與澱粉一樣，是（$C_6H_{10}O_5$）$_n$，其分子量較澱粉大，約爲 60 萬。纖維素是白色無定形固體，不溶於水或普通有機溶劑。惟在強酸中加熱長時，可慢慢水解成葡萄糖。草食動物如牛、羊等藉其胃液中之強酸及酶類與反芻咀嚼消化纖維素。纖維素在吾人食生活亦擔任很重要的角色。如常食肉、魚、蛋等，雖然營養足夠，但缺乏纖維質蔬菜以致常患便秘症。因此經常攝食多纖維的蔬菜是保持健康的處方之一。表 2-3 爲醣之分類及性質的比較。

表 2-3　醣的分類與性質

| 分類 | 種類 | | 構成單位 | 存在食物 |
|---|---|---|---|---|
| 單醣類 | 葡萄糖<br>果　糖<br>半乳糖 | | 醣的最小單位<br>醣的最小單位<br>醣的最小單位 | 葡萄、水果、蜂蜜<br>水果、蜂蜜<br>乳糖水解 |
| 雙醣類 | 蔗　糖<br>麥芽糖<br>乳　糖 | | 葡萄糖＋果糖<br>葡萄糖＋葡萄糖<br>葡萄糖＋半乳糖 | 甘蔗、甜菜<br>麥芽<br>乳汁 |
| 多醣類 | 人可消化的 | 澱粉<br>糊精<br>肝醣 | 葡萄糖聚合物<br>葡萄糖聚合物<br>葡萄糖聚合物 | 米麥等穀物<br>澱粉加工<br>肝臟、筋肉 |
| | 人不能消化的 | 纖維素 | 葡萄糖聚合物 | 蔬菜、樹木、草 |

# 2-2　蛋白質

　　生物細胞中最多的成分爲水，次多的是蛋白質。英文的蛋白質爲 protein，取自希臘文的「最重要」而來的。蛋白質爲構成人體最重要的成分（圖2-8），不但構成筋肉及各器官，甚至毛髮及指甲都是由蛋白質構成的。此外，維持生命過程擔任很重要角色的酵素、激素（俗稱荷爾蒙）及抗體等也都由蛋白質構成。

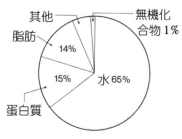

圖 2-8　人體的成分

　　植物能夠利用空氣中的二氧化碳、氮、水分及土壤中的無機鹽及銨鹽等合成蛋白質並貯存於種子及部分莖、枝及葉等。動物必須從食物中攝取蛋白質，由胃蛋白酶（pepsin）及胰蛋白酶（trypsin）的作用將長鏈的蛋白質分解爲胺基酸經腸壁吸收，在體內將胺基酸再結合成符合於目的的蛋白質（圖 2-9）。因此在正常的食生活中，必須從食物攝取適量的蛋白質，經消化吸收合成身體各部分的蛋白質並產生熱能，以維持健康的身體。

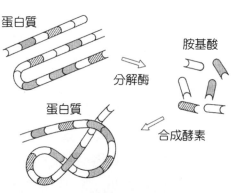

圖 2-9　蛋白質的分解與再合成

## 2-2.1 蛋白質的分類

蛋白質依照來源的不同，分為動物性蛋白質及植物性蛋白質兩大類。

### 1. 動物性蛋白質

(1) **蛋白** 蛋白（albumin）為一種可溶性的蛋白質，多存在於各種鳥類的蛋中；肉類、血液及乳汁中亦含一些蛋白。蛋白加熱到約 75℃ 時凝聚（coagulate）成不溶性硬塊狀固體。這現象乃因蛋白中蛋白質的立體結構改變所起，稱為蛋白質的變性（denaturation）。蛋白與汞離子結合成不溶性化合物，故誤服昇汞（$HgCl_2$）毒藥劑時，立即吃蛋白可解毒。

(2) **酪蛋白** 酪蛋白（casein）為一種含磷的蛋白質。多存在於乳汁中，牛奶中酪蛋白占全蛋白質的 80%，人奶中占 30%，為奶蛋白質的主要成分。酪蛋白的性質與蛋白不同，加熱時不凝聚成固體，但遇酸會凝聚。牛奶放久時，酸敗而產生乳酸，乳酸使酪蛋白凝聚成小的白色固體浮在牛奶表面。

(3) **明膠** 明膠（gelatin）又稱為動物膠。將動物的軟骨、皮、角、蹄等與水共煮多時，冷卻後凝聚成明膠。不純的明膠可做木材的膠合劑。精製的明膠作藥劑的膠囊及製成照相軟片用。

(4) **絲質與毛質** 蠶絲與肥皂溶液共煮時，蠶絲表面的絲膠被溶解，乾燥成為熟絲，其本質為絲質，是由碳、氫、氧和氮四元素所組成的蛋白質。絲質不溶於水，可溶於濃酸及強鹼溶液中。羊毛與氫氧化鈉溶液共煮以除去羊毛的雜質，洗淨乾燥的純毛本質稱為毛質。毛質為碳、氫、氧、氮和硫五元素所組成的蛋白質。絲質與毛質都是含氮的蛋白質，點火燃燒將發生刺

激臭氣味。

## 2.　**植物性蛋白質**

(1) **豆質**　豆質（legumin）為豆科植物的豆類所含的蛋白質。大豆中約含 40% 的豆質。豆質可溶於水，其水溶液為豆漿。煮沸豆漿，加入石膏或鹽滷時將起凝聚成豆腐。

(2) **麩質**　麩質（gluten）存在於麵粉中。以布包麵粉，在水中用手揉擠，澱粉自布的空縫間透出沉於水底，布中剩下帶黏性的麩質。麩質在麵粉的存在量約 10%。麩質與鹽酸共煮時產生稱為麩胺酸（glutamic acid）的胺基酸。再加入氫氧化鈉溶液，生成麩胺酸鈉即味精的主要成分，常用於烹飪時的調味料。

# 2-2.2　胺基酸

蛋白質經攝取後在胃及小腸的酵素分解為約 20 種的胺基酸。這些胺基酸被輸送到身體的各部位，再結合成身體的組織。在內臟裡亦構成必要的酵素。此外，蛋白質可幫助體內的物質輸送及能源。

生物體內有 12 種胺基酸能夠經由其他的胺基酸在體內重組方式取得，可是剩下的 8 種胺基酸在身體無法製得，因此必須從日常的食物攝取。此 8 種人體無法合成的胺基酸稱為必需胺基酸（essential amino acid）。表 2-4 為構成人體蛋白質的胺基酸，其中有「*」號的為必需胺基酸，「**」為幼兒在「*」之外尚必需之胺基酸。蛋白質所含的胺基酸之種類，隨不同食物而不同，因此最好能平衡攝取含必需胺基酸的食物。

表 2-4　構成人體的胺基酸

| 普通名稱 | 英文名 | 化學名稱 | 存在的食物 |
|---|---|---|---|
| 甘胺酸 | glycine | 胺基乙酸 | 明膠、蛋絲 |
| 丙胺酸 | alanine | α 胺基丙酸 | |
| 異戊胺酸 * | valine | α- 胺基異戊酸 | |
| 白胺酸 * | leucine | α- 胺基異己酸 | 穀蛋白、酪蛋白 |
| 異白胺酸 * | isoleucine | α- 胺基 -β- 甲基戊酸 | |
| 甲硫胺酸 * | methionine | α- 胺基 -γ- 甲硫基丁酸 | |
| 苯丙胺酸 * | phenylalanine | α- 胺基 -β- 苯基丙酸 | 血蛋白、清蛋白 |
| 絲胺酸 | serine | α- 胺基 -β- 羥基丙酸 | |
| 羥丁胺酸 * | threonine | β- 羥基丁胺酸 | |
| 色胺酸 * | tryptophan | α- 胺基 -β- 吲哚丙酸 | 酪蛋白 |
| 半胱胺酸 | cysteine | α- 胺基 -β- 硫醇基丙酸 | |
| 酪胺酸 | tyrosine | α- 胺基 -β- 對羥苯基丙酸 | 繭屑 |
| 天門冬醯胺酸 | asparagine | α- 胺基 -β- 醯胺基丙酸 | |
| 麩醯胺酸 | glutamine | α- 胺基 -γ- 醯胺基丁酸 | 小麥、味精 |
| 天門冬酸 | aspartic acid | α- 胺基丁二酸 | |
| 麩胺酸 | glutamic acid | α- 胺基 -1,5- 戊二酸 | |
| 離胺酸 * | lysine | 2,6- 二胺基己酸 | 白明膠、酪蛋白 |
| 組織胺酸 ** | histidine | α- 胺基 -β- 咪唑丙酸 | |
| 脯胺酸 | proline | 2- 吡咯啶甲酸 | |
| 精胺酸 ** | arginine | 4- 胍基 -1- 胺基戊酸 | |

* 為必需胺基酸

** 為幼兒在 * 之外尚必需的胺基酸

## 2-2.3　蛋白質的檢驗

### 1.　黃蛋白反應

　　化學實驗時不小心手指碰到硝酸時，皮膚立即出現黃色而不易洗掉。蛋白質遇到濃硝酸呈黃色，此反應稱為黃蛋白反應（xanthoproteic reaction），此黃色乃由於硝酸硝化皮膚蛋白

質的苯環所產生的顏色。含有苯環結構胺基酸的蛋白質，遇硝酸都會起黃蛋白反應。加氨水於此黃色皮膚時，變為橙色。黃蛋白反應常用於檢驗蛋白質。

2. **縮二脲反應**

　　蛋白質溶液中，加入數滴硫酸銅溶液及數滴氫氧化鈉溶液，溶液呈紫色，此反應可用於檢驗所有的蛋白質稱為縮二脲反應（biuret reaction）。圖 2-10 為黃蛋白反應及縮二脲反應的程序。

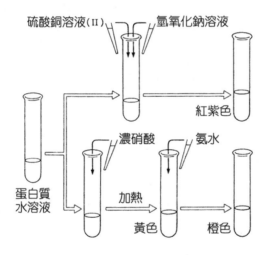

圖 2-10　蛋白質的檢驗

# 2-3　脂肪

　　無論是炒菜或炸牛排，中西菜都離不開使用油脂。在常溫

以固體存在的稱為脂肪，在常溫以液體存在的稱為油，惟一般所提的脂肪，通常包括油，因此有時稱油脂。油脂存在於動植物體內，成為最佳的能源，植物貯存於種子，動物貯存於皮膚下面的脂肪以保持體溫。脂肪為碳、氫、氧所組成的化合物，在化學上是高級脂肪酸的甘油酯。其主要成分如表 2-5 所示。油脂不易溶於水，易溶於有機溶劑。

表 2-5　油脂的主要成分

| 名稱 | 英文名 | 化學名 | 化學式 | 熔點°C |
|------|--------|--------|--------|--------|
| 軟脂 | palmitin | 十六酸甘油酯 | $(C_{15}H_{31}COO)_3C_3H_{15}$ | 60 |
| 硬脂 | stearin | 十八酸甘油酯 | $(C_{17}H_{35}COO)_3C_3H_{15}$ | 71 |
| 油脂 | olein | 十八烯酸甘油酯 | $(C_{17}H_{33}COO)_3C_3H_{15}$ | 17 |
| 亞麻油脂 | linolein | 十八碳二烯酸甘油酯 | $(C_{17}H_{31}COO)_3C_3H_{15}$ | −5 |
| 次亞麻油脂 | linolenin | 十八碳三烯酸甘油酯 | $(C_{17}H_{29}COO)_3C_3H_{15}$ | −11 |

## 2-3.1　植物油脂

植物油脂含不飽和的油酸及亞油酸較多，因此在常溫下多為液體。

### 1.　大豆油

大豆盛產於中國大陸地區，北美已成為全球最大的大豆生產地。大豆經榨為大豆油，含不飽和的亞麻油酸有 50%、次亞麻油酸 8% 之多，易氧化而變味，因此不常用於烹飪。大豆油經氫化後，以沙拉油方式出售。沙拉油較安定不易氧化可供烹炸或製造人造奶油之用。

2. **花生油**

　　爲本地人常用具芳香的食用油。花生經榨取花生油爲一種很優良的煎用油。花生油含飽和脂肪酸 13%、油酸 60%、亞麻油酸 22%。用以烹飪外可做點心食品等。

3. **棉子油**

　　棉子油（cotton seed oil）爲美國生產較多的油。棉子油含軟脂酸 21%、其他飽和酸 3%、油酸 27%、亞麻油酸 49%，因不含次亞麻油酸，故不易變味。棉子油的主要用途之一爲炸馬鈴薯片及其他食品。經氫化後的棉子油可用作沙拉油。

4. **葵花油**

　　葵花油（sunflower oil）在寒冷的加拿大及俄國盛產的葵花籽爲原料製造的食用油。葵花油含亞麻油酸 75%、油酸 14%。本地超級市場已出現多種葵花油爲主婦們選用食用油之一。

5. **橄欖油**

　　橄欖油（olive oil）爲近年來國人樂用的植物油。由橄欖果榨出後，經溶劑萃取油，精製並脫色所成，具有香氣味，性溫和而無刺激性的油。橄欖油的成分爲硬脂酸 2%、軟脂酸 8%、油酸 82%、亞麻油酸 8%。

6. **紅花油**

　　紅花油（safflower oil）也是近年來進口的食用油，但在中東已有數千年的歷史。紅花油所含亞麻油酸有 75 ～ 80% 之

多，不含次亞麻油酸，因此其味能耐久不變，多用於製造軟性
人造奶油、沙拉油、冰淇淋等，但不是優良的炸食物用的油。

## 2-3.2 動物油脂

動物油脂含飽和脂肪酸較植物油脂多，因此在常溫可以固
態存在。

### 1. 豬油

豬油（lard）為由豬的腹部、背部及腿部組織所煉出的
脂肪，大部分用於家庭烹炸食物。豬油的近似組成為軟脂酸
27%、硬脂酸 14%、油酸 43%、亞麻油酸 10%。

### 2. 牛油

牛油（tallow）較廣用於西餐，係由牛之脂肪組織所煉得
的油脂。牛油所含飽和脂肪酸量較豬油多，硬脂酸 19%、軟
脂酸 30%，油酸 44% 及其他成分。牛油用於烹炸及製造人造
奶油外，工業上用於製造肥皂及提製脂肪酸、油酸等用途。

### 3. 魚油

魚油（marine oil）是由鯡魚、鯤魚及沙丁魚等加工所得
的油。魚油含較高的不飽和酸，較易被氧化且帶腥味，用途不
廣。加拿大、北歐人用於烹炸。近年來深海魚的魚肝油在健康
食品方面引人留意，作為營養品。

## 2-3.3　油脂的皂化值與碘值

　　油脂與氫氧化鈉或氫氧化鉀共煮，起加水分解為脂肪酸鈉或脂肪酸鉀與甘油。脂肪酸鈉為一般的肥皂，脂肪酸鉀為軟肥皂。以鹼性溶液使油脂加水分解的反應稱為皂化（saponification）。皂化 1 克的油脂所需要氫氧化鉀的毫克數稱為該油脂的皂化值（saponification value）。皂化值是工業上分析油脂的重要數值之一。皂化值愈小的油脂，分子量愈大。

　　表示油脂不飽和程度時，工業上使用碘值（iodine value）。100 公克油脂中能夠吸收碘的克數為該油脂的碘值。碘值愈大的油脂，其分子結構中的不飽和度愈大。表 2-6 為一些油脂的皂化值及碘值。

表 2-6　油脂的皂化值及碘值

| 油脂名稱 | 皂化值 | 碘值 |
|---|---|---|
| 橄欖油 | $187 \sim 196$ | $79 \sim 90$ |
| 牛　油 | $190 \sim 199$ | $40 \sim 48$ |
| 大豆油 | $189 \sim 195$ | $117 \sim 141$ |
| 豬　油 | $190 \sim 202$ | $53 \sim 77$ |
| 花生油 | $88 \sim 195$ | $84 \sim 102$ |

　　心臟病患者的動脈內壁上通常有脂肪堆積物使血管變窄，阻礙血液的流通量。動脈內壁上的脂肪堆積物為所謂三酸甘油酯（triglyceride）的中性脂肪及膽固醇（cholesterol）。惟膽固醇有兩種，一為高密度脂蛋白膽固醇（HDL-C）對血管有保護作用，正常人＞ 35 mg/dL，高些較佳；另一種為低

密度脂蛋白膽固醇（LDL-C），對血管有傷害作用，一般人＜
130 mg/dL，不宜過高。飲食裡含有大量的飽和脂肪酸的脂肪
時血液裡的膽固醇會升高。用含飽和脂肪酸較少的植物油時，
血液中的膽固醇會減少。因此少吃奶油、肥肉、豬腳、蛋糕
等，使用植物油烹飪等相信對身體有益處。

## 2-3.4　食物的消化過程

　　食物三大營養素的醣、蛋白質及脂肪，多數都由動物及植
物攝取。如圖 2-11 所示，太陽能經植物的光合作用變換為化
學能，直接或經過家畜成為食品攝食到人體。食品進到口腔、
胃、十二指腸、小腸的途徑中，由這些器官及附屬器官分泌適
合於食品成分的酵素（酶）之分泌，促進食品的加水分解而消
化，由小腸吸收到血液或淋巴腺輸送到身體各部分的細胞。圖
2-12 表示各種酶在各消化器官的工作。圖 2-13 為三大營養素
在身體各器官的消化及排泄的過程。

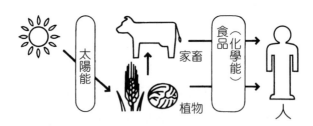

圖 2-11　太陽能轉變為化學能

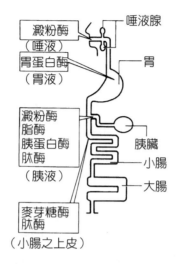

圖 2-12　酵素與消化

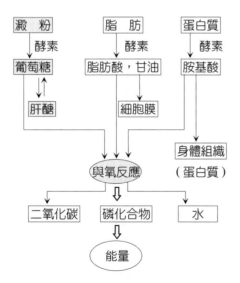

圖 2-13　三大營養素的消化及排泄

# 2-4 維生素

十八世紀為止，英國航海家及船員常因患壞血病所困擾。1747 年英國海軍軍醫林得（James Lind）表示，食物中加新鮮的水果及蔬菜時，可預防壞血病。因此從那時開始英國船隻從事長期的航海時，攜帶多量的萊姆果（limes)、檸檬及橘子等新鮮水果以預防壞血病。

十八到十九世紀，荷蘭地區發生腳氣病（beriberi）。1897 年荷蘭科學家愛皆克曼（Christian Eijkmann）表示，磨光的米缺少在米殼中的一種成分，腳氣病乃由食物中缺少此一成分所引起的。英國科學家霍普金司（F. G. Hopkins）以合成的醣類、脂肪、蛋白質及礦物質為飼料，飼養一群小老鼠，結果這些小老鼠不能保持健康的成長，很明顯的飼料中缺少某些東西。

1912 年波蘭生化學者范克（Casimir Funk），對於這些重要的缺乏要素，取名為 Vitamine（拉丁文的 vita 表示為「生命」之意義），經科學界的贊同此一名詞。後來美國人建議刪除最後一個字母 e 以避免與胺類（amine）混在一起，因此現用 Vitamin 中文譯為維生素，俗稱維他命。1929 年，愛皆克曼與霍普金司兩人因對維生素發現有關的重要貢獻，共同獲得諾貝爾生理醫學獎。

維生素在食物中含量甚微少，但缺乏時會引起人體生病，成長不正常。維生素不是能源，也不是構成人體的成分，而且人體本身不能自己在體內合成，必須依賴食物來供應的營養素。維生素為：

①維持身體健康及正常發育所必要的。

②必須從食物攝取的。

③維生素不能供給能量，主要功能在於參與身體的代謝作用。

④人體所需的量很微少，但絕對必要的。

維生素分爲脂溶性維生素及水溶性維生素。

## 2-4.1 脂溶性維生素

脂溶性維生素能夠溶於脂肪，如魚肝油爲含維生素 A 及維生素 D 等脂溶性維生素的。油溶性維生素易累積在體內不易排泄，因此要留意攝取的量。

### 1. 維生素 A

維生素 A 又稱爲抗乾眼炎維生素。增加人體對疾病的抵抗力，維持正常成長的主要維生素。缺乏時，引起乾眼症、夜盲症，發育不良，視力減退及減少抵抗力等病症。維生素 A 多存於魚肝油、肝臟、蛋黃、菠菜、胡蘿蔔及香蕉等。每日需要量（Daily Value，簡寫爲 DV）爲 5000 IU（international unit，國際單位）。IU 爲世界衛生組織（WHO）所訂測維生素或激素（荷爾蒙）效率的單位，以國際標準品的一定量爲 1 IU。

### 2. 維生素 D

維生素 D 又稱爲抗軟骨病維生素。其功能爲補助鈣及磷在人體中形成骨骼及牙齒。缺乏維生素 D 的攝取，將導致軟骨病及佝僂症。維生素 D 多存於魚肝油、花生、蛋黃、麥胚、

萵苣、牛奶等食品。每日需要量為 400 IU。人體皮膚下的麥角固醇（ergosterol）受陽光的紫外線照射時，可變為維生素 D，故經常在陽光下活動的人比較不會缺乏維生素 D。

### 3. 維生素 E

維生素 E 又稱為生育醇（tocopherol）。從實驗小老鼠的抗不妊因子而被發現。維生素 E 多存於麥胚、花生、萵苣、蛋黃、牛奶、小麥胚芽油、沙拉油及麻油等植物油中。維生素 E 為黃色透明的黏性油狀物質，可溶於油脂等有機溶劑，不溶於水。具有耐熱性，但對紫外線不安定。維生素 E 具抗氧化力，可防止細胞受氧化受損傷外，經消化器管所吸收的維生素 E，能被貯存於體內的各種器官及體脂肪裡，在人體內有強的抗氧化力，並幫助維生素 A、胡蘿蔔素及必要脂肪酸等之吸收及利用。缺乏維生素 E 的雌老鼠患不孕症或胎兒會流產，雄老鼠的精子組織萎縮及永久不孕症。人體缺乏維生素 E 時將起生殖能力減退、易流產或早產的現象，維生素 E 的每日需要量為 30 IU。

### 4. 維生素 K

維生素 K 又稱為葉綠醌（phylloquinone）為促進血液凝固的脂溶性維生素。維生素 K 多存在於魚肉、魚肝油、豬肝、番茄、甘藍、菠菜中，為不溶於水的黃色黏稠液，可溶於乙醇、丙酮及苯等有機溶劑。缺乏維生素 K，遇流血時不易凝固並易患出血症。維生素 K 每日需要量為 80 微克（μg）。

5. **其他脂溶性維生素**

其他脂溶性維生素尚有：存在於棉實油、大豆油及玉米油等，缺乏時可引起皮膚炎的維生素 F；存在於紅色辣椒、檸檬汁、蕎麥葉及水果中，可增加毛細血管壁抵抗力的維生素 P；存在於甘藍菜、萵苣、芹菜、洋芹菜等俗稱甘藍素，可抗胃潰瘍的維生素 U 等。

## 2-4.2　水溶性維生素

水溶性維生素可溶於水，因此較易由尿、汗等排泄體外。然而攝取量過多亦無法留在體內，因此要留意每日需要量。

1. **維生素 B**

維生素 B 在研究的初期就發現具有抗神經炎與促進成長的功能。惟其後的研究證實維生素 B 為 $B_1$、$B_2$、$B_5$、$B_6$、$B_{12}$ 等不同維生素的混合體。這些維生素 B 群的混合物今日稱為複方維生素 B（Vitamin B complex）。

(1) **維生素 $B_1$**　維生素 $B_1$ 又稱為硫胺素（thiamine），多存在於米糠、麥麩、酵母、豆類、肝、豬肉裡。維生素 $B_1$ 具能促進醣的代謝，刺激消化機能及調節神經機能等功能。缺乏維生素 $B_1$ 時，產生食慾減退及易疲勞現象，進一步患腳氣病及神經炎等病症。維生素 $B_1$ 的每日需要量為 1.5 毫克（mg），易被吸收，但亦易排泄出體外。

(2) **維生素 $B_2$** 維生素 $B_2$ 又稱為核糖黃素（riboflavin）俗稱乳黃素。維生素 $B_2$ 多存在於酵母、牛肝、瘦肉、蛋白、黃豆及菠菜中，具有促進發育的功能。缺乏維生素 $B_2$ 有口唇的障害、口角炎、舌炎、臉上局部脂漏皮膚炎及眼球機能障害、角膜炎及脫髮等症狀。維生素 $B_2$ 的每日需要量為 1.7 毫克（mg）。

(3) **維生素 $B_6$** 維生素 $B_6$ 的化學名為吡哆醇（pyridoxine），俗名抗皮炎素。存在於酵母、胚芽、肉、肝、豆腐及穀類的種子裡，主要功能在於促進胺基酸的代謝，為老鼠皮膚炎的預防因子，可治老鼠的皮膚炎。維生素 $B_6$ 的每日需要量為 2 毫克。

(4) **維生素 $B_{12}$** 維生素 $B_{12}$ 化學名氰鈷胺素（cyanocobalamine），俗稱造血維生素。維生素多存在於肝臟、心臟、動物性蛋白質及蛋黃中，為暗紅色針狀或細長液狀晶體，具吸濕性可溶於水。缺乏維生素 $B_{12}$ 將產生兒童的發育不良及惡性貧血症。每日需要量為 6 微克（µg）。

## 2. **維生素 C**

維生素 C 的化學名為抗壞血酸（L-ascorbic acid）。為抗壞血病維生素，D- 異構體不具效力。動植物的成長及代謝旺盛的部位都含有多量的維生素 C。食物的新鮮蔬果、香菇、辣椒、柑橘及綠茶等均含維生素 C。工業上能合成製維生素 C。維生素 C 被認為與活體內的氧化還原反應有關，幫助氫傳達系的酵素作用，和骨膠原之生成、蛋白質的代謝、貧血、血液凝固、醣類及脂類之代謝、內分泌機能等都有關係。缺乏時將引起壞血症，骨質及牙齒的疏鬆症及降低對病菌的抵抗力等現象。維生素 C 的每日需要量為 60 毫克。

## 3.　維生素 M

通常稱爲葉酸（folic acid）爲 1941 年密切耳（H. A. Mitchell）等人從菠菜葉調整爲乳酸菌生長所需要的因子。葉酸含於酵母、肝臟、萵苣、菠菜等。維生素 M 每日需要量爲 400 微克，人體缺乏時將引起巨紅血球的貧血症及遲緩成長現象。

## 4.　維生素 H

通常稱爲生物素（biotin）。生物素存在於肝、腎、蛋及酵母中，但含量甚微少，即使在含量較高的肝臟酵母中也僅僅含不到 0.0001%。生物素在生物化學最明顯的功能爲二氧化碳的固定，與微生物的成長發育有關。人體缺乏維生素 H 時，將失去食慾，產生嘔吐，引起身體倦怠現象及產生舌炎等。維生素 H 的每日需要量爲 300 微克。

## 5.　無維生素名，但其功效與維生素相同者

(1) **菸鹼酸**　菸鹼酸（niacin）爲一種抗紅斑症的維生素。存在於酵母、牛肝、米糠、糙米及魚類中。精米過程將含菸鹼酸成分較多的米糠去除而損失菸鹼酸。菸鹼酸爲預防癩皮病症因子，與身體內氧化還原反應及能量的生成有關。缺乏時，臉部或手部易產生一種皮膚炎，同時會引起消化器官的障礙。每日需要量爲 20 毫克。

(2) **泛酸**　泛酸（pantothenic acid）爲 1933 年威廉（R. J. William）從米糠分離出的酵母繁殖因子，因其分布較廣泛，因此稱爲泛酸。泛酸存在於肝、腎、蛋黃、米糠、豆類及蜂王

漿等。缺乏泛酸將引起停止發育、體重減輕、脂肪代謝障礙，神經系、消化系、副腎及生殖機能等障害，降低抵抗力及解毒功能等。泛酸的每日需要量爲 10 毫克。

# 2-5　礦物質

到目前爲止，科學家認爲有 30 種元素爲人體所必需元素（essential elements），其中氫、碳、氮與氧存量最多，爲構成人體結構的必需元素。鈉、鎂、鉀、鈣、磷、硫與氯亦在人體中有相當量存在，稱爲常量礦物質。另鐵、鋅、銅等在人體內以微量存在，可是各在人體擔任重要角色也是必需元素。表 2-7 爲必需元素及其功能的一些例子。

從食品所得的化學物質爲有機物（如醣、蛋白質及脂肪），可是尙有一些無機物爲維持生存所必需的。表 2-7 中的氧、氫、氮及碳等人體組成元素以有機物存在外，其他大多數都以無機物，即以礦物質（minerals）存在，人體需要至少 20 種的礦物質才能發揮正常的功能。

## 2-5.1　鉀、鈉及氯

鉀在植物中含量較多，香蕉爲含鉀較多的水果。在動物體內以磷酸鹽分布於細胞中。鈉主要以氯化鈉方式多量存在於血

## 表 2-7　必需元素及其功能

| 元素 | 在人體重量百分率 | 功能 |
|------|------------------|------|
| 氧 | 65 | 體內水及許多有機物的成分 |
| 碳 | 18 | 人體所有有機物的成分 |
| 氫 | 10 | 水及有機無機物的成分 |
| 氮 | 3 | 人體有機及無機物的成分 |
| 鈣 | 1.5 | 骨骼主成分，一些酶所需及筋肉運動用 |
| 磷 | 1.2 | 細胞合成及能量轉移必需 |
| 鉀 | 0.2 | 細胞液中的陽離子 |
| 氯 | 0.2 | 細胞內外液中的陰離子 |
| 硫 | 0.2 | 蛋白質及其他有機物的成分 |
| 鈉 | 0.1 | 細胞外液的陽離子 |
| 鎂 | 0.05 | 對一些酶必需 |
| 鐵 | < 0.05 | 血紅素、肌球蛋白及其他蛋白質中 |
| 鋅 | < 0.05 | 一些酶必需 |
| 鈷 | < 0.05 | 在 $B_{12}$ 中存在 |
| 銅 | < 0.05 | 一些酶必需 |
| 碘 | < 0.05 | 甲狀腺激素所必需 |
| 硒 | < 0.01 | 一些酶必需 |
| 氟 | < 0.01 | 牙齒及骨骼中發現 |
| 鎳 | < 0.01 | 一些酶必需 |
| 鉬 | < 0.01 | 一些酶必需 |
| 矽 | < 0.01 | 連結組織內發現 |
| 鉻 | < 0.01 | 醣代謝所必需 |

其他釩、錫、錳、鋰、硼、砷、鉛及鎘等在人體 < 0.01，但未知其確實的功能。

液及淋巴液中。食鹽與味精都是含鈉的化合物。據報導攝取過量的鈉時，易患高血壓、冠狀動脈心臟病及中風。因此少吃鹽及味精，多吃些香蕉等水果和蔬菜，以增加鉀的攝取量，對身體有益。氯除了以鹽酸（$HCl$）方式存在於胃液幫助食物的消化外，以氯化鈉方式調整細胞的滲透壓，影響細胞膜對體液及水分的滲透性。嬰兒吃過量的食鹽，所受的傷害將比成人大。

成人可從尿或汗排泄過量食鹽的一部分，嬰兒因腎臟的發育尚未健全，不能發揮排泄鈉的功能，因此嬰兒食品盡量不加鹽或少加鹽較好。

## 2-5.2 鈣和鎂

鈣、鎂都是人體骨骼及牙齒的主要成分。人體的無機鹽約有 83% 存在於骨骼中。以磷酸鹽及碳酸鹽方式存在於骨骼及牙齒的鈣占人體總鈣量的 99%，總鎂量的 71%，其餘 1% 的鈣存在於血液及組織內，參與血液的凝固及心肌的收縮作用。食品中有的在體內氧化後呈酸性，稱為酸性食品，如一般魚、肉及蛋等動物性食品富蛋白質，經消化分解後呈酸性，故屬於酸性食品。另一方面，蔬菜、水果等植物性食品含鈣、鎂、鉀及鈉等在體內代謝呈鹼性，稱為鹼性食物。酸性食物代謝時消耗身體內的鈣，鹼性食物代謝後能增加鈣量。成人每日需要鈣量 1.0 到 1.5 克，鎂的每日需要量為 0.4 克。人體缺乏鈣質時會引起神經功能弛緩、肌肉痙攣等障礙。綠色植物含鎂，鎂與身體的酶有關。

## 2-5.3 鐵

人體中含鐵量不到 0.05%，事實上只有體重的 0.004%，但鐵質可用以製造血紅素，為血液中的一種重要成分，負責

輸送氧到身體各部位。成人每日需鐵量爲 18 毫克，女人比男人需要量多。食品中肝臟、牛肉、蛋黃、蔬果等含鐵質較多，一般市售藥劑中的鐵質不是無機鐵鹽而是以反丁烯二酸亞鐵（ferrous fumarate）。

## 2-5.4　磷和碘

### 1.　磷

磷在人體內分布很廣。以磷酸鈣方式作爲骨骼成分的磷占人體總磷量的 80%，剩下的 20% 爲蛋白質及磷脂的成分，分布於肌肉、腦神經、腺體等，並作爲傳達能量。食物中乾酪、蛋黃、小麥、大豆、花生及牛肉富於磷質。每日需要量約 1 克。

### 2.　碘

人體需要碘來製造負責控制人體新陳代謝率的甲狀腺激素。缺乏碘時甲狀腺激素的生產不足，而甲狀腺機能減退以致頸部腫脹成甲狀腺腫症。海藻中含碘分較多，經常攝食海藻外，市售加少量碘化鉀（KI）的食鹽可減少患甲狀腺腫症的機率。碘的每日需要量爲 150 微克。

# 2-6　食品添加劑

　　隨著時代的進步，人口集中於城市，爲確保食物能供應大量的人口需要及適合於各人食生活的嗜好，食品加工技術不斷的改進，今日我們在超級市場所購買的大多數都是加工食品。這些加工食品幾乎都使用食品添加劑，使食品更美觀、美味，延長保存期間或增加營養價值等，以適合衆人的需要。我們每日食用的麵包、豆腐、醬油、火腿、香腸、魚丸、肉鬆、可樂、速食麵等多多少少都含有食品添加劑。據報導一般人每日平均攝取約 60 種類，總重量約 10 克的食品添加劑。雖然各食品添加劑在食品的含量一定在法律規定低限量之內，惟多種食品添加劑同時進入人體時，互相之間會不會起不妥當的反應，長期累積在體內的效應等，很少看到有關此方面的研究報告，爲食品化學家今後積極探究的課題。惟處於科技時代的現代人，理解食品添加劑的功效並愼重使用，將可提升美好食生活的素養。

## 2-6.1　食品添加劑的功能與分類

　　食品添加劑的功能爲保存並提高食品品質，在製造食品時必需加入的兩大類。

### 1.　保存並提高食品品質的添加劑

　　人體攝取食品可維持生命及活動的能源。對於食品通常要

求符合下列四個條件：①安全的；②有營養的；③滿足嗜好的；
④維持健康的。符合此條件的食品添加劑：

(1) **提高食品安全性的添加劑**　　電視偶爾會報導食物中毒的訊
息。食物中毒的主因是不小心攝取含有微生物（黴菌、大腸
菌、葡萄球菌等細菌）所起的。能夠消滅或抑制微生物的繁殖
的添加劑為：

①滅菌劑：過氧化氫（$H_2O_2$）、次氯酸鈉（NaOCl）等具有
　滅菌的功效，常用於飲用水及游泳池的滅菌，但少用於食
　品，因加入於食品時過氧化氫或次氯酸鈉都易與食品成分
　起反應而產生不良效果。

②防腐劑：具有抑制黴菌的生長及繁殖作用的稱為防腐劑或
　保存劑。常用的食品防腐劑為花揪酸（sorbic acid，化學名
　為己二烯酸）、過氧化苯甲酸（peroxy benzoic acid）、丙
　酸鈉（sodium propionate）及磷酸（phosphoric acid）等。

③抗氧化劑：氧對食品保存有不良影響。食品成分中的維生素
　A，維生素 C 等因氧化會失效，有些食品氧化而腐敗。食品
　中往往放抗氧化劑，這些抗氧化劑本身較易氧化，因此可
　防止食品的氧化。用於此目的的添加劑有：二丁基羥基甲
　苯（butylated hydroxytoluene)、維生素 E（tocopherol）、丁
　羥基茴香醚（butylhydroxy anisole）等。另外食品中有易氧
　化的金屬存在時，在食品中加入四乙酸乙二胺（EDTA）、
　檸檬酸等，與金屬反應成安定的金屬鉗化合物以防止其氧
　化。

④氮：將食品密封於充填氮的容器（罐、瓶或塑膠袋）中，
　使食品不與空氣中的氧接觸。氮雖然不能滅菌，但可保存
　食物較長久。

⑤防霉劑：使用於橘、檸檬及葡萄柚等的果皮，以防止果皮生成白霉的。常用的有鄰苯石碳酸鈉、噻苯大唑（thiabendazole）等。

(2) **提高食品營養的添加劑**　在食品中加入維生素、礦物質（特別是鈣、鐵等）、胺基酸等以加強對身體可能不足的營養素。加於食品的營養素有時稱爲強化劑或營養劑。

(3) **提高食品嗜好性的添加劑**　現代人的食生活不但要求安全而且有營養，同時講究色、香、味。美觀而具引起食慾的芳香氣味、吃起來的美味等都很重要。因此食品中加入嗜好性添加劑以適合各人的飲食習慣。嗜好性添加劑可分爲：

①改善食品味道的添加劑：

(a)甜味料：在食品中加甜味的化學物質。例如糖精（saccharin），阿斯巴甜（aspartame）等。所謂代糖的甜味爲蔗糖的 200 到 500 倍之多，而且能量很低，常用於糖尿病患者或太胖的人的飲食品中代替蔗糖，這些代糖亦有不易引起蛀牙的優點。

(b)酸味料：食品具有適當的酸味時，常引起食慾並使食物更好吃。加在食品的酸味料爲檸檬酸鈉。

(c)調味料：在食品中加入味精、胺基酸、核酸及有機酸等以調整食品味道的。味精化學名爲麩胺酸鈉，由糖蜜或葡萄糖的發酵所製大眾化烹飪中菜最常用的調味料。其他調味料有肉苷酸（inosinic acid），鳥苷酸（guanylic acid）等。

②增加食品外觀的添加劑：改良食品的顏色或增添食品光澤以提高食品吸引力的添加劑。

(a)著色劑：市售使食品的顏色改變爲較吸引人的食品著色

劑有紅色 2 號、紅色 3 號、黃色 4 號、藍色 1 號及綠色
3 號等化學合成的人工著色劑。天然著色劑有從胭脂蟲
提煉的胭脂蟲紅（cochineal）。無論是天然或人造的食
品著色劑都具致癌的可能性，因此近年來盡量減少使用
食品著色劑的趨勢。

(b)發色劑：製造火腿或香腸時，加入亞硝酸鈉（$NaNO_2$）、
硝酸鉀（$KNO_3$）或亞硫酸鈉（$Na_2SO_3$）等化學物質，
這些化學物質能夠與肉類的肌紅蛋白（myoglobin）反
應呈現安定的鮮紅色物質，可使火腿或香腸看起來新鮮
美觀。這些化學物質本身並不是致癌物，但攝取入體內
與其他食品添加劑或食物反應結果有變為致癌物的可能
性，因此盡量少用含有這些發色劑的食品。

(c)漂白劑：食品中的有色物質，有時使用漂白劑漂白使其
更美觀。魷魚乾或魷魚絲常使用漂白劑。一般使用的漂
白劑有二氧化硫（$SO_2$）、亞硫酸鈉（$Na_2SO_3$）及亞氯酸
鈉（$NaClO_2$）等。

③提升咬嚼感的添加劑：咬嚼食物及舌頭的感覺為增加口感
的重要嗜好要素。提升咬嚼感所用的添加劑有：

(a)增黏劑：增加食品的黏度，常用的有酪蛋白、羧甲基纖
維素鈉等。

(b)乳化劑：使油與水能夠均勻混合的物質稱為乳化劑。
常使用的為脂肪酸甘油酯及大豆卵磷脂（soybean
lecithin）等。冰淇淋、美乃滋（mayonnaise）及人造奶
油（margarine）等為乳化過的食品。

(c)結著劑：結著劑能夠增加動物類食品中的蛋白質與脂
肪的結合並保存水分以增強肉類的組織。常用的結著

劑為磷酸鈉、磷酸鉀、焦磷酸鉀（$K_4P_2O_7$）及焦磷酸鈉（$Na_4P_2O_7$）。

(d)保濕劑：防止食品在保存時表面乾燥而能保持一些濕潤狀態的為保濕劑。最常用的是丙二醇（propylene glycol）。

④改良食品氣味的添加劑：食品所放出的氣味是影響各人嗜好的重要因素之一。往往加少量的酯類於食品可改良食品的氣味。表 2-8 為常用的化學合成的水果香精，可做食品添加劑以改良食品氣味。

(4) **有益於維持健康的添加劑**　食品必須有益於維持身體健康並預防疾病的功能。從食品功能方面看植物纖維本身並沒有營養而且可能阻礙營養分的吸收，可是植物纖維可幫助正常的排泄並攝取植物纖維可避免人體過量攝食其他食品，因此現代人應多攝食植物纖維的蔬果或添加植物纖維的飲食品。

表 2-8　人造水果香精

| 香味 | 化學名稱 | 示性式 | 原料 |
|------|----------|--------|------|
| 香蕉 | 乙酸戊酯 | $CH_3COOC_5H_{11}$ | 乙酸與戊醇 |
| 橙花 | 乙酸辛酯 | $CH_3COOC_8H_{17}$ | 乙酸與辛醇 |
| 梨香 | 丙酸戊酯 | $C_2H_5COOC_5H_{11}$ | 丙酸與戊醇 |
| 鳳梨 | 丁酸乙酯 | $C_3H_7COOC_2H_5$ | 丁酸與乙醇 |
| 杏仁 | 丁酸戊酯 | $C_3H_7COOC_5H_{11}$ | 丁酸與戊醇 |
| 蘋果 | 戊酸戊酯 | $C_4H_9COOC_5H_{11}$ | 戊酸與戊醇 |

以上保存並提高食品的特性的添加劑，大約歸納其使用例表示於圖 2-14。

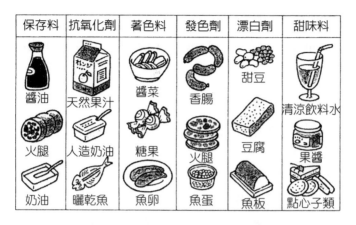

圖 2-14　食品添加劑的使用例

## 2. **製造食品所必用的添加劑**

食品製造時必須加入，但最終成品裡幾乎不留存於食品的添加劑，通常稱爲加工輔助劑或製造用劑。

⑴ **膨脹劑**　蒸饅頭、做麵包時加酵母或發粉，使酵母發酵或發粉的碳酸氫鈉分解產生的二氧化碳，使饅頭或麵包膨脹成多孔性組織的。

⑵ **豆腐凝固劑**　在豆漿中加入石膏，可使豆腐凝固。

⑶ **澄清劑**　混濁的液體食品，加入鞣酸（tannin）使混濁的蛋白質與鞣酸結合沉澱來除去，或使用活性碳吸附液體食品的有色物質等。

⑷ **消泡劑**　消去製造食品時所產生的氣泡，通常使用脂肪酸甘油酯。

⑸ **酵素**　製造食品常使用酵素爲催化劑。例如葡萄糖轉變爲果糖時使用萄葡糖異構酶（glucose isomerase）；使柑橘類

果汁中的柚苷（naringin）分解使其不呈苦味，使用柚苷酶（naringinase）等。這些酵素經加熱失去其活性成為蛋白質。

## 2-6.2　食品添加劑的優缺點

　　食品添加劑中如豆腐凝固劑、膨脹劑或消泡劑等，在製造食品時必須使用外，多數食品添加劑有防止食品的腐敗或變質，使食品美觀、美味及富營養，刺激食慾、滿足個人嗜好，降低食品價格等的優點，因此今日的加工食品幾乎多多少少都使用食品添加劑。可是這些人工製化學物質的食品添加劑進入人體內，互相之間會不會起對人體健康不利的反應，個別食品添加劑對人體有怎樣的影響的研究幾乎都看不到，是生化學者未來值得深究的問題。

## 2-6.3　需要留意的食品添加劑

　　歐美日的加工食品都註明所使用的食品添加劑，我國超級市場及商店可購得的食品多數亦有註明。維持人體健康上需要特別留意的食品添加劑有下列數種：

### 1.　花楸酸、花楸酸鉀

　　食品最廣用的防腐保存劑。單獨存在於食品時不會有問題，惟在人體內與火腿、香腸發色劑的亞硝酸鹽在一起時，有

生成致癌物的可能，因此所購買之食品標示含此兩種食品添加
劑時，最好不要與火腿、香腸一起攝食。

## 2. 過氧化苯甲酸、過氧化苯甲酸鈉

常使用於清涼飲料的合成防腐保存劑，有致癌的可能。

## 3. 鄰苯石碳酸鈉、噻苯大唑

用於柑橘類的防毒劑，一般認為有致癌的可能，因此柑橘
類水果皮在剝開前要充分清洗後才可剝開食用。

## 4. 食品著色劑

一般都認為所有的食品著色劑包括紅色 2 號、紅色 3 號、
紅色 106 號、黃色 4 號、黃色 5 號、藍色 1 號、藍色 2 號、綠
色 3 號、胭脂蟲紅等都具有致癌的可能，因此盡量少用或完全
不使用。

## 5. 糖精、糖精鈉

為今日各國常用的人工合成甜味料，其甜味為蔗糖的 500
倍，廣用於糖尿病患者及減肥人員的飲食。1973 年的動物實
驗發現有致癌現象，一時禁止使用，經追試結果不久解禁。惟
在商品表示上仍保留攝取太多糖精，有致癌可能的警告文字。

## 6. 阿斯巴甜

阿斯巴甜為今日最廣用的人造甜味劑。其甜味為蔗糖的
200 倍，雖不及糖精，但尚無致癌可能的報告。阿斯巴甜因加
熱太高可分解，因此不能做為烤、炒或蒸煮食物時的甜味料，

對於苯酮尿病人亦不適合使用。

### 7. 丁羥基茴香醚

防止油脂氧化所使用的抗氧化劑。惟有致癌可能的報導，今日已建議改用維生素 E 為防止油脂氧化的抗氧化劑。

### 8. 硝酸鉀、亞硝酸鈉

廣用於火腿、香腸等的發色劑，使其看起來新鮮美味。惟如前述，與花楸酸等防腐劑在一起時有致癌的可能。

### 9. 丙二醇

用於麵條、餃子、餛飩皮等的保濕劑。惟攝取過量時，可能引起肝臟及腎臟功能的障害。

### 10. 磷酸鈉、磷酸鉀

使用於動物性食品的結著劑，品質改良用。使用量多時將引起骨骼的異常形成，抑制人體吸收鐵分等的副作用。

## 2-6.4  使用加工食品

從超級市場購置的食品，留意看其標示時，可發現使用多種食品添加劑。例如速食麵，除了原料的麵粉、食鹽及油脂外，使用乳化劑、味精、調味劑、抗氧化劑、香辛料、酵母粉等多種食品添加劑。

## 1. 購買時留意事項

為了所攝食的食品有益於身體的健康發揮正常的功能，購買時留意製造及有效使用日期外，尚需要注意到：

①沒有註明該食品所用食品添加劑的最好不買。

②對於同一食品，最好選擇使用食品添加劑種類較少的。

③盡量避免購置含有 2-6.3 節所提可能影響人體健康的食品添加劑的食品。

## 2. 料理或食用時留意事項

料理或食用加工食品時，留意下列處理方式，可避免或降低食品添加劑所帶來的害處。

①食用前先以水煮沸速食麵，倒棄煮開的水後，以清水再煮速食麵。

②料理火腿或香腸前，預先用刀切約 0.5 到 1 公分切口，在開水煮沸 1 ～ 2 分鐘時，火腿或香腸所含的食品添加劑會減少約一半，倒出水後開始料理用。

③攝食物時，在嘴內多咬嚼食物多次，使唾液與食物多混合。據報導唾液可降低食品添加劑的致癌能力。

④多攝食蔬菜及海藻類食物，這些食物的纖維能夠吸收食品添加劑排出體外。

⑤食品添加劑中不能排出體外的，使用營養素來降低其害。例如攝食綠黃色蔬菜所含的維生素 A，水果及地瓜所含的維生素 C，及豆類食物所含的維生素 E 等，都能夠消除食品添加劑的一些害處。

⑥從牛奶、蝦、海藻類食物多攝取鈣，不偏食，每日吃多種不同的食物，可維持營養的均衡並抵抗食品添加劑之害。

# 2-7 酒與酒精的化學

　　酒是含有酒精的飲料，古今中外人類最喜愛的嗜好物。酒自古以來與人類有密切的關係。聖經記載，耶穌第一次所行的神蹟是在迦拿婚姻席上變水為酒供眾人喝。到現在基督徒在聖餐時，喝葡萄酒以紀念耶穌。酒是人類在社會規範中習俗或禮節常用的飲料。在國宴席上，總統舉杯祝福各國元首或貴賓。無酒不成席，人類在喜、怒、哀、樂等各種場合都使用酒。

## 2-7.1　酒的種類與製法

　　酒是以穀物（例如米、麥或高粱等）或水果（如葡萄、鳳梨、荔枝及梅等）為原料經酵母菌的發酵作用成含酒精的飲料。只發酵後過濾所得的酒稱發酵酒。將發酵酒經過蒸餾所得的酒稱為蒸餾酒。圖 2-15 為酒的分類及各種酒含酒精量。

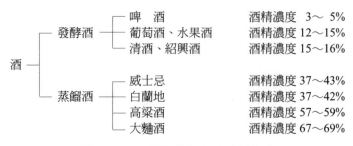

圖 2-15　酒的分類及酒精濃度

　　威士忌爲蒸餾啤酒所提煉成的蒸餾酒，白蘭地爲蒸餾葡萄酒所成製的蒸餾酒，兩者含酒精量都很多，愈久愈香醇。將代表性酒的製法介紹如後。

## 1.　紹興酒

　　紹興酒爲大陸江南的名酒，臺灣埔里的紹興酒亦名聞東洋，日本人特別喜愛之。將糯米浸水蒸熟，冷卻到 40° 到 50℃ 時加入清水、酒麴及酒藥混合均勻後靜置使其發酵，經過一段時日，即成酒醪。從酒醪榨出酒液後，煮沸並用焦糖著色即成紹興酒。新製的紹興酒較辛烈並無香氣味。貯藏數月至數年則爲具芳香氣味，喝起來較醇的陳年紹興酒。

## 2.　葡萄酒

　　飲葡萄酒治百病，雖然是商人的促銷口號，但醫療上葡萄酒可減少心臟病的發生率已相當的被肯定。將成熟的葡萄洗清去皮後榨成汁，加入酵母使其發酵即成白葡萄酒。使具葡萄皮的葡萄榨成汁，加入酵母使其發酵即成紅葡萄酒。

## 3.　啤酒

　　啤酒又稱麥酒，含酒精量較少，爲多數人常飲的飲料。在溫暖室中使浸水的大麥自然發芽後，榨取麥芽汁並煮沸，加入酒花使麥芽汁中的蛋白質沉澱並增加香氣味及一點澀苦味。加入酵母使麥芽汁中的糖分發酵即有淡黃色液體上浮。將此液體加熱殺菌後，用壓力吹入二氧化碳即成啤酒。圖 2-16 爲啤酒及葡萄酒。

圖 2-16　各種酒類

4. **高粱酒**

　　為大陸北方的特產，惟金門、馬祖亦出產良好的高粱酒。將高粱煮熟後加入大麥、豆、米糠製成的米麴使其發酵。經相當時間後蒸餾得含酒精量多的高粱酒。

5. **威士忌與白蘭地**

　　蒸餾啤酒可製得威士忌，蒸餾葡萄酒可製得白蘭地，兩者的酒精含量都在 40% 以上，且越陳越醇，惟其價格亦越貴。

## 2-7.2　酒精

　　酒精的化學名為乙醇，化學式為 $C_2H_5OH$。乙醇為酒的精

華成分，因此稱爲酒精。酒精爲具有獨特的香氣味的無色液體，能夠與水以任何比例混合均勻。酒精是很優異的溶劑。許多不易溶於水的物質，能夠溶解於酒精中。因此我國自古以來常使用酒來泡中藥。例如當歸、人參、鹿茸、枸杞等藥材，浸在酒中數天成補酒。主婦在煮麻油雞要加米酒、當歸鴨也要加酒，甚至煎中藥也常加酒。因爲酒中的酒精是很好的溶劑而酒精的沸點爲 78℃ 較水的沸點低，因此加熱時較易蒸發使屋內充滿酒精與藥物的芬芳氣味引起食慾。

## 2-7.3　酒精對人體的作用

　　喝酒時身體變暖和，口腔和喉部感覺一些麻辣感並感覺舒暢、精神愉快及憂鬱感消失。飲酒時因酒精是很好的溶劑，經胃和十二指腸大部分被吸收溶於血液中送到肝臟，一部分隨血液到大腦，抑制大腦中樞神經的工作，使大腦皮質的活動鈍化結果具解放感及消愁。惟過量時將擾亂大腦的正常平衡作用，結果各正常的抑制作用機能完全消失，以致語無倫次、藉酒裝瘋、騷擾他人，甚至走路時步態蹣跚、舉動笨拙，進一步哭、笑、叫喊、嘔吐等酒後亂性的舉動。酒精中毒過深時，將不省人事、虛脫或衰竭，甚至致死之可能。

　　圖 2-17 表示酒精在人體的代謝途徑，可分爲：

① 從口進入體內的酒精，大部分在胃和十二指腸被吸收到血液而進入肝臟。如果胃中含有多量食物時吸收較慢，惟空腹時吸收較快，因此空腹喝酒較易醉。

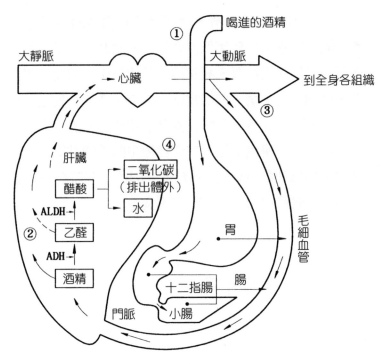

圖 2-17　酒精的代謝途徑

②在肝臟受醇去氫酶（alcohol dehydrogenase，簡寫為 ADH）
　的作用，酒精變成乙醛，進一步受醛去氫酶（aldehyde
　dehydrogenase，簡寫為 ALDH）的作用，乙醛氧化為乙酸。
③乙酸俗名醋酸送入血液中，在體內分解成二氧化碳及水同
　時放出人體所需的能量，二氧化碳及水即排泄到身體外面。
④少部分的酒精，在體內未被處理，隨尿、汗或呼氣排出體
　外。
　　過程②所示，酒精受醇去氫酶作用而產生的乙醛具有毒
性，因此是使人頭痛或想吐的原因。如果過程③的醛去氫酶的
作用順暢而使乙醛氧化成對身體無毒的乙酸，並分解為二氧化

碳和水排出體外時，乙醛很快消失而不易醉。此使乙醛變為乙酸的功能，因人而有很大的差別，因此同樣喝一定量的酒，有的人容易醉，有的人千杯不醉的原因在此。表 2-9 表示成人喝酒量、血液中酒精濃度及身體可能產生的效應。

表 2-9　喝酒量、血液中酒精濃度及效應

| 期別 | 血液中酒精濃度（%） | 喝酒量 | 身體可能產生的效應 |
|---|---|---|---|
| 爽快期 | 0.02〜0.04 | 清酒 100 毫升<br>或啤酒 1 瓶<br>或威士忌 50 毫升 | 氣氛爽快<br>臉部及皮膚變紅色<br>變為活躍<br>降低一些判斷力 |
| 微醉初期 | 0.05〜0.10 | 清酒 100〜200 毫升<br>啤酒 1〜2 瓶<br>威士忌 50〜120 毫升 | 微醉氣氛<br>手的運動活潑<br>解除抑制感<br>體溫上升，脈搏加快 |
| 微醉後期 | 0.11〜0.15 | 清酒 200〜400 毫升<br>啤酒 2〜4 瓶<br>威士忌 120〜180 毫升 | 意氣高揚<br>易怒，大聲喊叫<br>步態蹣跚 |
| 酒醉期 | 0.16〜0.30 | 清酒 400〜600 毫升<br>啤酒 5〜7 瓶<br>威士忌 200 毫升 | 重複而冗長說話<br>呼吸加速，哭喊交錯<br>噁心、嘔吐 |
| 泥醉期 | 0.31〜0.40 | 清酒 700〜1000 毫升<br>啤酒 8〜10 瓶<br>威士忌 1 瓶 | 手足震顫，不能站立<br>意識混濁<br>語無倫次 |
| 昏睡期 | 0.41〜0.50 | 清酒 1 公升以上<br>或威士忌 1 瓶以上 | 不省人事，酣睡<br>無法控制大小便<br>虛脫、衰竭可能致死 |

由表可知，只要酒精在血中濃度超過 0.05%，人的控制能力受影響，開車時往往出車禍而傷己害人。在臺灣，測試開車人含酒精濃度 0.025% 以上時會受罰。

## 2-7.4 酒精可能引起的健康障害

喝酒過量後可能引起的健康障害有下列數種。

### 1. 酒精性肝病

人體中的肝臟具有很重要的功能。包括：將各種營養素轉換爲人體所需要的成分；貯藏蛋白質或脂肪等營養素；分解對身體有害的物質爲無害物質並排放體外；幫助腸的消化及吸收功能。可是，大量的酒精進入人體並送到肝臟時，減低肝臟的這些功能，不但損傷肝臟而且對人體有害的物質因不被分解而累積於體內，引起身體健康的損傷。喝酒對肝的損傷可分爲：

(1) 脂肪肝　肝臟內貯藏大量脂肪，使肝腫大並可能出現黃疸症。戒酒並多攝取蛋白質及維生素 B 可減輕脂肪肝的生成，惟繼續喝酒而不治療時可能惡化而導致肝硬化。

(2) 肝硬化　長期喝酒時，肝臟細胞受損而肝組織由硬塊狀纖維組織所取代而硬化，失去肝臟的功能外，產生貧血、食慾減低、體重減輕、食道的內出血等併發症。此時如不戒酒，肝臟組織將繼續受破壞，導致死亡之可能。

(3) 肝癌　患肝硬化症的人通常患肝癌的機率增加。肝癌很難治療而導致死亡的可能。

### 2. 循環系統障害

喝酒使血液中酒精濃度增加，易引起如高血壓、中風、心肌障害等循環系統的受損。

### 3.　消化器官障害

　　飲酒過量時，易引起胃炎、胃潰瘍、十二指腸潰瘍、小腸發炎及消化不良等病症。

### 4.　懷孕中的婦女

　　懷孕中的婦女最好不要喝酒。胎兒無抵抗力，喝酒後酒精進入胎兒時易引起智能的障害，造成畸形兒的可能。

### 5.　酒精成癮症

　　酒精如嗎啡、大麻等一樣，是一種容易使人上癮的飲料。常喝酒後，喝酒變習慣而產生精神上的依賴性，無法中斷否則精神上起不穩定的狀況。輕微時手指震顫無法寫字，嚴重者對周圍人施暴等行為產生。酒精亦具有耐性存在，開始時只喝一杯啤酒覺得很爽快，但是後來必愈喝愈多才能達到同一效果。上癮及耐性，往往使人手不離酒而導致慢性的酒精中毒。

### 6.　急性酒精中毒

　　年輕人喜歡拚酒，這時血液中的酒精濃度急激上升，容易引起嘔吐、呼吸困難、泥醉、昏迷及不省人事等現象產生。

　　少量喝酒對身體有益，但千萬不能過量。

# 3

## 住的化學

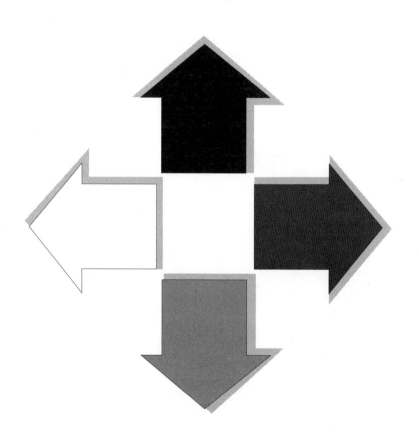

# 3 CHAPTER

# 住的化學

住宅爲家人共同生活的場所，也就是個人自誕生到現在逗留最長時間的地方。住宅具有下列重要功能。

## 1. 保護環境的變遷

住宅耐日曬、風吹、雨打，保護家人不受自然環境的變化，防止昆蟲、野獸及外人的侵犯，使家人能夠利用自然環境過安全及舒適的生活。

## 2. 身心休憩，修身養生

住宅在科技社會裡，是一個舒緩工作壓力，盡情享受天倫之樂的場所。隨社會的進步，工作的壓力增加不少，讓每人都期盼回到家中能夠得到徹底的解放與休息，留給自己心靈平靜的機會，培育向明日挑戰的意念。

3. **養育子女的基盤**

傳宗接代是人的本分，住宅為養育子女的最佳場所。子女在父母及家人親密的關懷中成長，學習長輩的好榜樣充實自己，作為心身健全社會人的準備。家是養育子女最佳的基盤。

為達成上述住宅的功能，建造住宅時，需留意適應於氣候風土，選擇合適的建材，室內環境的調整與合宜的設備等因素。氣候風土方面，在臺灣因氣候關係，趨向於選擇坐北朝南。同時注意山坡地的水土保持是否良好等。建材方面影響住宅的結構及安全，本章就由玻璃、水泥、塑膠及金屬等之化學來探討。構成室內環境有五個要素，即光、音、空氣、水及熱。本章將以室內環境的調整與設備來介紹。

# 3-1 維持健康的住生活

為了達到住宅的重要功能，維持健康的住生活，需要從構成室內環境的五種要件即光、音、空氣、水及熱方面做適當的調整，使全家人能夠過舒服而健康的生活。

## 3-1.1 室內環境的設備及調整

過去電化器材未十分發達時，住家選擇坐北朝南，設法開窗，以三角形屋頂而留空隙以防熱等方式調整室內環境。現代

　　房屋室內環境的調整與設備如圖 3-1 所示，以住宅的設計，室
內設計與布置、設備及器材等來改進。例如在牆壁及屋頂內加
入斷熱材料，使用窗簾、地氈等以調整外面溫度及室內溫度。
此外，室外的樹林亦在環境調整方面有很好的功效。

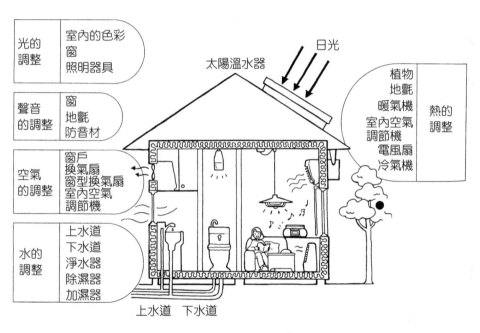

圖 3-1　室內環境的調整與設備

## 3-1.2　室內空氣的調整

　　空氣是人類生活必需的基本物質，尤其我們所住的家必
須保持舒暢的室內氣候，即調整室內氣溫、濕度及氣流的狀
態使生活過得更舒服。室內的空氣因人的呼吸、烹飪或燃燒而
產生的二氧化碳，廁所、浴池等產生的氣味及濕氣等需經常換

氣。圖 3-2 表示自然換氣與使用換氣扇或抽風機調整室內空氣的方法。臺灣的濕度通常都很高，濕度高時，不但易生黴菌，果菜易腐爛，甚至易生病，因此需換氣外，也需使用除濕機除濕。圖 3-3 表示室內溫度的調整。近年來因冷氣機及暖氣機的發展，可買到較便宜的冷暖氣機，幾乎每一家庭都賴以調整室內氣溫，惟太依賴冷暖氣機時，個人身體的體溫調整機能會衰退，反而對健康有不良的影響，因此最好不要完全依賴電化機器，盡量活用自然換氣，自然調整溫度的機能。

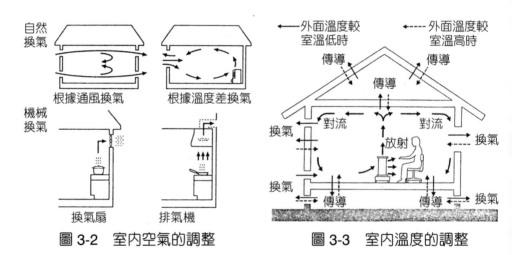

圖 3-2　室內空氣的調整　　　　圖 3-3　室內溫度的調整

## 3-1.3　噪音與防音

聲音在人類生活中占很重要的地位。語言可溝通互相的意見，音樂可陶冶心身的舒暢。噪音是使人心身感覺不舒服的聲音。在公寓彈鋼琴，對彈的人本身或其家人，不會覺得不舒服，惟對其鄰居可能成為噪音。圖 3-4 表示各種聲音的大小及

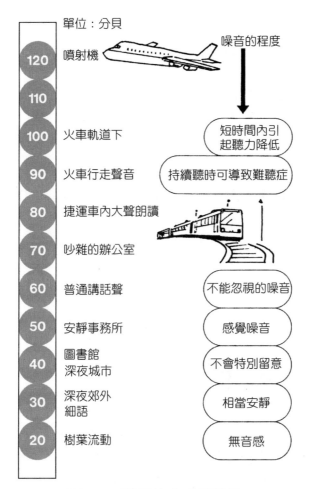

圖 3-4　聲音的大小與噪音

是否成爲噪音的大約基準。在密集住宅區由於日常生活的聲音往往會對別人造成噪音的可能。

　　聲音從發生聲音源到聽者之間有空氣傳達與建築物等固體振動傳達的兩種傳達方式。

　　爲了有舒服而健康的住生活，如圖 3-5 所示，住宅外設牆

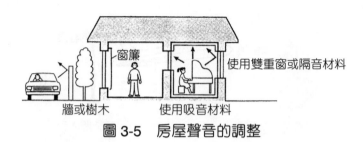

窗簾　　使用雙重窗或隔音材料

牆或樹木　　使用吸音材料

圖 3-5　房屋聲音的調整

壁、種植物以雙重玻璃、截音板及窗簾等設法使外面的噪音不進來並使自家的聲音不外洩。

　　維持健康的家居生活的各項要件討論完後，繼續探究住宅的建材。

# 3-2　矽酸鹽建材

　　以砂、黏土及矽酸鹽為原料，製造玻璃、水泥、陶磁器及耐火磚等的工業稱為矽酸鹽工業。矽酸鹽工業產品為現代建築不可缺少的建材。圖 3-6 表示矽酸鹽工業的原料及製品。

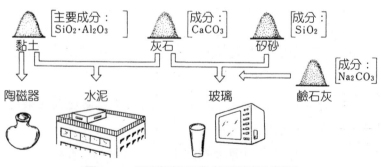

圖 3-6　矽酸鹽工業的原料及製品

## 3-2.1　玻璃

　　玻璃的歷史很久，古代埃及的法老王以玻璃的寶石為貴重的飾物，那些寶石可能是矽砂與鹼性的木灰在偶然的機會於火中熔合所成的。今日的工業已能夠以白砂、灰石及碳酸鈉為原料，大量製造玻璃。玻璃製品已成為我們生活不可缺少的必需品。普通玻璃硬而無色透明，易讓光線通過，因此廣用於建築物的窗、交通工具的窗及照明器具。玻璃不導電，化學抵抗力強，不具一定的熔點因此加熱時慢慢軟化，因此易加工，故廣用於裝各種溶液的杯、瓶與各種形狀的玻璃器具及裝飾品。玻璃經加工後利用其光線折射性，廣用於製造眼鏡、透鏡、望遠鏡及顯微鏡等各種光學儀器。另一面，玻璃有不耐衝擊而易破碎，急熱或急冷時會破裂等缺點。惟這些缺點已由改變原料方式改進。

1. **玻璃的結構**

　　加熱使無機物質熔化成液體後，慢慢冷卻時，有些物質（如氯化鈉）能夠在一定溫度時凝固成晶體。但有些物質卻不在一定溫度凝固成晶體而逐漸增加黏度成過冷液體（supercooling liquid），再降低溫度即失去流動性成為非結晶性的固體。如此所生成的過冷狀態的非結晶性固體稱為玻璃。圖 3-7(a) 為石英晶體的基本結構。一個矽離子與二個氧離子共價結合成 $SiO_2$ 的晶體結構。加熱石英熔化成液態石英而冷卻時，到石英熔點的 1,723℃ 以下，因黏度太高而不會結晶成石英晶體，隨溫度的降低黏度增高而失去流動性成為過冷液體的石英玻璃。石英玻璃的結構如圖 3-7(b) 所示，沒有石英晶體的

● 矽　　○ 氧　　◉ 鈉離子

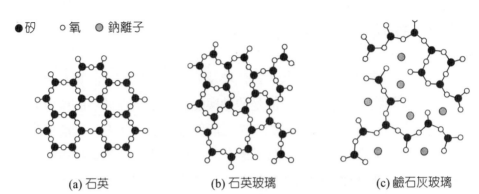

(a) 石英　　　　　　　(b) 石英玻璃　　　　　　(c) 鹼石灰玻璃

圖 3-7　石英、石英玻璃及鹼石灰玻璃的網狀結構

規則性排列而成爲立體不規則網狀結構。

　　加氧化鈉（Na₂O）於石英玻璃時，Na₂O 中的 $O^{2-}$ 能夠參與石英玻璃的網狀結構，但剩餘的氧成不架橋的狀態，形成立體不規則網狀結構的大陰離子，如圖 3-7(c) 所示的鹼石灰玻璃，$Na^+$ 配位於其中間。氧離子有兩個 $Si^{4+}$ 的架橋型氧離子及只與一個 $Si^{4+}$ 結合的非架橋型氧離子，由於 Na₂O，網狀的連續結構在兩個地方被切斷。Na₂O 愈多，切斷部分增加而熔化物的黏度會降低。

## 2. 製造工程

(1) **原料**　製造玻璃的原料有玻璃成分本身所必用氧化物的主原料，及給予玻璃特殊性質（助熔或澄清）所用的副原料。此外製造有色玻璃時所加的著色劑亦爲原料之一。表 3-1 爲主原料，表 3-2 爲副原料之例。

(2) **熔化及成型**　在製造玻璃最重要的過程，通常分爲兩種方式。
　　①熔窯：生產較少量玻璃製品時，將原料混合均勻後放入熔窯中，以天然氣或煤焦加熱到約 1,300℃，使原料熔化成半

表 3-1　製造玻璃的主原料

| 氧化物 | 化學式 | 來源（或礦石） |
|---|---|---|
| 二氧化矽 | $SiO_2$ | 石砂、矽砂、長石類 |
| 三氧化二硼 | $B_2O_3$ | 硼酸、硼砂 |
| 三氧化二鋁 | $Al_2O_3$ | 長石類、氫氧化鋁、人造鋁氧（alumina） |
| 氧化鈉 | $Na_2O$ | 碳酸鈉、硫酸鈉、硝酸鈉、硼砂 |
| 氧化鉀 | $K_2O$ | 碳酸鉀、硝酸鉀、長石類 |
| 氧化鈣 | $CaO$ | 灰石、消石灰、白雲石 |
| 氧化鎂 | $MgO$ | 碳酸鎂、苦土（magnesia）、白雲石 |
| 氧化鋇 | $BaO$ | 重晶石、碳酸鋇 |
| 氧化鋅 | $ZnO$ | 氧化鋅、碳酸鋅 |
| 一氧化鉛 | $PbO$ | 四氧化三鉛、一氧化鉛 |

表 3-2　製造玻璃的副原料

| 用途 | 原料 |
|---|---|
| 促進熔化 | 硝酸鉀、硼砂、矽氟化鈉、亞鉀酸、玻屑 |
| 澄清 | 硝酸鉀、硫酸鈉、碳 |
| 氧化 | 硝酸鉀、過氧化鋇 |
| 還原 | 煤焦、酒石酸鈉鉀、氯化亞錫 |
| 消色 | 硒、二氧化錳、氧化鎳、氧化鈷 |

　　流動性的玻璃液體。成型通常以人工方式進行。如圖 3-8
所示，以長 1.0 到 1.5 公尺的鐵管蘸取熔化的玻璃液，插入
模中，用嘴自管口吹氣，使玻璃液膨脹在模型中，冷卻成
型。以此方法可製玻璃瓶、玻璃杯及各種形狀的玻璃器具。
②熔爐：大量生產如窗玻璃一樣，樣式一定而連續製造玻璃
　則使用熔爐。圖 3-9 表示玻璃熔爐的平面圖及截面圖。有的
　熔爐長 50 公尺、寬 8 公尺、深 1.5 公尺，可容納 1,500 噸
　的液態玻璃。熔爐以耐火磚建造。製造玻璃時先將原料磨
　成粉末，在混合機內混合均勻，從熔爐的一端送入爐中。

圖 3-8　人工製玻璃器具

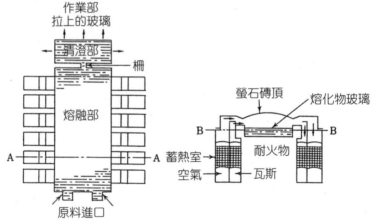

(a)平面圖〔(b) 之 BB 部分截面〕　(b)截面圖〔(a) 之 AA 部分截面〕

圖 3-9　製造玻璃的熔爐

在熔爐側壁裝多數燃燒器，將煤氣與空氣混合氣體灑放於玻璃原料表面燃燒，加熱到 1,300 ～ 1,500℃ 使原料熔化成液態的玻璃。熔化的玻璃在爐中保持溫度放置數天，使玻璃十分澄清，去泡並均質化後，移到徐冷室使玻璃液體慢慢冷卻到適合於下一個步驟的黏度。圖 3-10 為熔化、徐冷及成型的過程。玻璃液在徐冷室經滾筒軸壓平並徐冷成固體後導出並切斷為玻璃製品。如要製造有顏色的玻璃時在原料中加入適當的金屬鹽。表 3-3 為玻璃著色劑。

圖 3-10　連續製造窗玻璃裝置

表 3-3　製造色玻璃的著色劑

| 著色反應 | 原料及顏色 |
|---|---|
| 溶解著色 | 過錳酸鉀（在氧化環境呈紫色或黑色）<br>氧化亞鈷（淡藍色到濃藍色）<br>二鉻酸鉀（橙色）<br>氧化鎳（紫紅色）<br>氧化鐵（綠色至黑色）<br>氧化銅（青綠色）<br>氧化鈾（黃色） |
| 膠態分散著色 | 硒、亞硒酸鈉、氧化酮、銅粉、氯化金（各不同色調的紅色） |

### 3.　玻璃的種類

(1)　**鈉玻璃**　上述以白砂、灰石及碳酸鈉爲原料所製的玻璃稱爲鈉玻璃，即一般所謂的普通玻璃。鈉玻璃質較軟，較易熔化，抵抗化學藥品的能力較弱，一般用途爲窗玻璃及普通器具，惟不適合於化學實驗加熱使用。

(2) **鉀玻璃**　以白砂、灰石及碳酸鉀為原料，經熔化及冷卻過程所製成的玻璃為鉀玻璃。其質較硬而且熔點較高，因此又稱為硬玻璃。鉀玻璃對化學藥品的抵抗力較強，熱膨脹係數較小，可做化學實驗器具及裝飾品之用。

(3) **鉛玻璃**　以石英、一氧化鉛及碳酸鉀為原料，經熔化及冷卻過程所製的玻璃為鉛玻璃。鉛玻璃的密度較大，對於光線的折射率亦大，因此常用於製造透鏡、稜鏡等光學儀器的鏡頭，因此鉛玻璃又稱為光學玻璃。

(4) **硼玻璃**　以三氧化二硼（$B_2O_3$）及氧化鋁代替一部分的碳酸鈉及灰石所製成的玻璃稱為硼玻璃，又稱為派熱司（pyrex）玻璃。普通玻璃的熱膨脹係數較大，急熱或急冷時會破裂。硼玻璃質硬，熔點亦高，熱膨脹係數最小，可耐溫度的激變，亦可直接加熱，廣用於化學實驗器具、高級，烹飪用具及電子器具。

以上四種代表性玻璃以表 3-4 做比較。

## 4.　**特殊玻璃**

(1) **水玻璃**　將石英粉末與碳酸鈉混合均勻加熱熔化後，加水並繼續加熱數小時，可得黏稠性液體稱為水玻璃。水玻璃的化學成分為矽酸鈉（$Na_2SiO_3$）。

$$SiO_2 + Na_2CO_3 \rightarrow Na_2SiO_3 + CO_2$$

水玻璃為無色黏稠性液體。將水玻璃均勻塗在布、木材及器具表面並乾燥後，不會改變物體原來的顏色，但耐火性增加。水玻璃塗在蛋殼表面可保存蛋較長時間，此外水玻璃可做

表 3-4　四種玻璃的比較

| 名稱 | | 鈉玻璃 | 鉀玻璃 | 鉛玻璃 | 硼玻璃 |
|---|---|---|---|---|---|
| 俗名 | | 軟玻璃 | 硬玻璃 | 光學玻璃 | 派熱司玻璃 |
| 主原料 | | 白砂<br>灰石<br>碳酸鈉 | 白砂<br>灰石<br>碳酸鉀 | 石英<br>一氧化鉛<br>碳酸鉀 | 白砂，灰石<br>碳酸鉀<br>氧化鋁<br>三氧化二硼 |
| 主成分（%） | $SiO_2$ | 69 ～ 73 | 69.2 | 35 ～ 60 | 65 ～ 80 |
| | $B_2O_3$ | — | — | — | 13 ～ 28 |
| | $Na_2O$ | 14 ～ 17 | 3.0 | 5 ～ 8 | 4 ～ 15 |
| | $K_2O$ | — | 17.0 | — | — |
| | $PbO$ | — | — | 20 ～ 60 | 0.2 ～ 6 |
| 軟化溫度（℃） | | | | 580 ～ 630 | 830 |
| 性質及用途 | | 熔點較低，價廉，用於窗玻璃，日用品容器 | 質硬，熔點較高，製理化器具，裝飾玻璃等 | 質軟易加工，光折射率大，用於光學儀器的鏡頭 | 熱膨脹係數最小，耐化學藥品，不易破碎，用於化學器具 |

玻璃的接合劑。

　　加鹽酸於水玻璃時可得膠凍狀白色沉澱。將此白色沉澱乾燥即得矽凝膠（silica gel）。圖 3-11 為矽凝膠的結構，為石英的 Si-O-Si 結合的一部分被 Si-OH 取代所成的。矽凝膠顆粒極微小，1 克矽凝膠的表面積有 500 ～ 600 平方公尺，而其表面吸附水分子的能力很強，矽凝膠廣用於貴重儀器的乾燥劑。

(2)　**玻璃纖維**　熔化的液態玻璃向兩方急拉時變成細長的纖維狀玻璃，稱為玻璃纖維（glass fiber）。玻璃纖維可分為短纖維與長纖維兩種。短纖維又稱為玻璃棉（glass wood），將熔化的玻璃液體放在高速旋轉的離心器內，因離心力從器壁的細孔噴出冷卻而成棉狀的玻璃，化學實驗過濾用的玻璃棉是短的玻

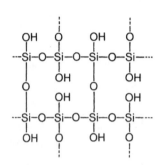

圖 3-11 矽凝膠的結構

圖 3-12 玻璃纖維

璃纖維。長纖維爲一般所稱的玻璃纖維，是將液態玻璃放在底部有數百個細孔的貴金屬容器中急速抽出成纖維的。玻璃纖維抗拉強度較鋼大，輕而耐熱、耐水爲電的不良導體，與聚酯纖維混紡或混合成玻璃絨、電路基盤、絕熱、絕緣等材料。亦可製成氈狀、筒狀、板狀作爲隔音、隔熱建材之用。

(3) **強化玻璃與安全玻璃**　加熱板狀玻璃到軟化點附近，向玻璃急吹空氣均勻使其急冷時，在玻璃表面產生均一的壓縮應力，提升玻璃的強度成爲所謂的強化玻璃，廣用於汽車的前窗玻璃。強化玻璃受打擊時力分散，全玻璃粉碎爲多數的細片。將兩張平面玻璃以合成樹脂接合或將金屬網黏在兩張平面玻璃的中間，稱爲安全玻璃。安全玻璃可防止破裂時破片的飛散而傷害到人。

(4) **斷熱雙層玻璃**　兩張玻璃中一張玻璃的內層加金屬薄膜，中間留斷熱的空氣層的玻璃稱爲斷熱雙層玻璃（如圖 3-13）。此玻璃能夠穿過陽光，可防音，金屬薄膜能夠反射熱線，因此保持室內溫度，用於寒冷地區。

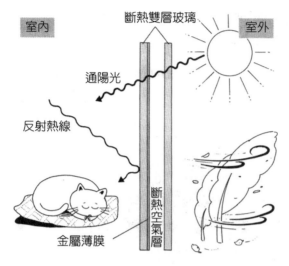

**圖 3-13　斷熱雙層玻璃**

## 3-2.2　水泥

　　水泥是現代建築最常用的材料，無論是房屋、道路、橋梁及空運航道都需用水泥為主要建材。水泥（cement）的語源來自拉丁文的 caedere 表示大理石的碎石。古代人將大理石的碎石燒成灰後，與水反應能接合骨材等並硬化，因此水泥廣義上含接合無機材料的結合劑之意。現在使用的水泥為 1824 年艾斯普丁（J. Aspdin）以灰石、黏土及矽石製造水泥，所製得的水泥與當時的建築材料之卜特蘭石（portland stone）相似，因此稱為卜特蘭水泥（portland cement）。今日所用的水泥大部分是卜特蘭水泥。

## 1. 卜特蘭水泥

　　卜特蘭水泥的原料為灰石、黏土及矽石。另外加礦渣（slag，即製鐵熔礦爐所剩硫化鐵礦渣等）。製 1 噸水泥，需要灰石 1,254 公斤、黏土 214 公斤、矽石 62 公斤、石膏 39 公斤。先將前三者粉碎，調和均勻後送入微傾斜的旋轉窯中，一面加熱，一面旋轉，加熱到 1,400℃～ 1,500℃，使成半熔化的狀態的小石狀燒塊（clinker）。以空氣冷卻器急冷燒塊後，加入約 3 ～ 4% 的石膏，磨碎為灰色粉末的水泥。圖 3-14 為卜特蘭水泥製造程序。圖 3-15 為卜特蘭水泥製造廠圖解。

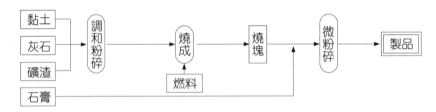

圖 3-14　卜特蘭水泥製造程序

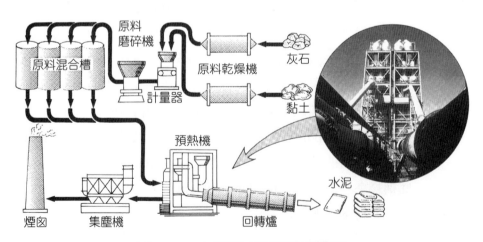

圖 3-15　卜特蘭水泥製造廠圖解

　　原料中加石膏的目的在於使水泥加水時不至於太早凝固。水泥的成分及凝固反應相當複雜，惟可簡化爲：

$$CaCO_3 \rightarrow CaO + CO_2$$
　灰石　　水泥成分

　　水泥加水攪拌時，水泥與水及空氣中的二氧化碳反應成硬的碳酸鈣。

$$CaO + H_2O \rightarrow Ca(OH)_2$$
$$Ca(OH)_2 + CO_2 \rightarrow CaCO_3 + H_2O$$

　　水泥的成分除了氧化鈣之外，尚有鋁酸鈣、矽酸鈣。鋁酸鈣與水反應，生成氫氧化鈣與氫氧化鋁：

$$Ca_3(AlO_3)_2 + 6H_2O \rightarrow 3Ca(OH)_2 + 2Al(OH)_3$$

　　生成的 $Ca(OH)_2$ 如上述與空氣中二氧化碳反應成碳酸鈣，並把矽酸鈣的細粒黏在一起，氫氧化鋁凝膠填塞在碳酸鈣中間部分以形成堅硬的固體。硬化的水泥在水中不溶解，經過時間愈久愈硬。

## 2.　混凝土

　　水泥、砂、碎石等混合物稱爲混凝土（concrete）。混凝土調水後用於舖路、建築牆壁、水壩、橋樑等，對於壓力的抵抗力極強，堅硬如巖，比水泥還堅硬。雖然混凝土抗壓性極

強，但不耐張力，因此大規模建築時，預先使用鋼筋或鋼架做結構骨架再施混凝土，所建造的大樓或橋樑，不但耐壓力又耐張力而更堅固耐用。

# 3-3 金屬

鐵筋、鐵架用於現代建築不可缺少的建材之外，從鋼筆、鐵錘、鐵窗、鐵軌到汽車、火車、飛機都是由金屬製造的。金屬具有在塑膠、水泥、木材等材料見不到的特性。一般金屬都具有金屬光澤，為熱與電的良導體，金屬富於展性及延性，因此廣用於建材外，製造日常用品及工廠的各種機器。金屬與金屬間可熔合成合金以提高其性能及用途，金屬在住及行的化學有無限的貢獻。

## 3-3.1 鐵和鋼

鐵釘、鐵錘、鐵門、鐵窗……等金屬中，鐵是人類自古以來最熟悉而常用的金屬。地殼中鐵是含量次多的金屬，約含 5% 之多。主要的鐵礦有磁鐵礦（$Fe_3O_4$）、赤鐵礦（$Fe_2O_3$）、褐鐵礦（$2Fe_2O_3 \cdot 3H_2O$），及菱鐵礦（$FeCO_3$）等。

### 1. 鐵的冶鍊

工業冶煉鐵都在鼓風爐（blast furnace）。鼓風爐如圖 3-16

所示，以耐火磚砌成 30 到 50 公尺高的圓筒狀爐，外面以鋼殼包成高塔狀，因此鼓風爐又稱為高爐。將鐵礦、灰石及煤焦從塔頂的原料進口放入爐內，由爐塔底部的側管通入約 1,600℃的熱空氣。靠底部的煤焦受熱然燒產生的二氧化碳，經燒紅的煤焦時被還原為一氧化碳。

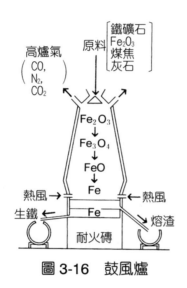

圖 3-16　鼓風爐

$$C + O_2 \rightarrow CO_2$$
$$CO_2 + C \rightarrow 2CO$$

生成的一氧化碳還原鐵礦為鐵，熔化的鐵由爐底口流出。

$$3Fe_2O_3 + CO \rightarrow 2Fe_3O_4 + CO_2$$
$$Fe_3O_4 + CO \rightarrow 3FeO + CO_2$$
$$FeO + CO \rightarrow Fe + CO_2$$

冶煉鐵時在爐中央部分，原料之灰石為一種助熔劑，受熱分解為氧化鈣與二氧化碳。生成的氧化鈣能夠與鐵礦中的砂（$SiO_2$）化合成熔化狀的矽酸鈣，稱為礦渣（slag），浮在熔鐵的表面，隔絕空氣與熔化的鐵之再氧化。

$$CaCO_3 \rightarrow CaO + CO_2$$
$$CaO + SiO_2 \rightarrow CaSiO_3$$

在鼓風爐所製得的鐵稱為生鐵，生鐵凝固時體積稍膨脹，可用於鑄造器具，因此生鐵又稱為鑄鐵。生鐵約含 3～5% 的碳及少量的矽、硫、磷等不純物。生鐵質較脆，但價廉，製造釜、鍋等家庭用具。

## 2.　熟鐵

將生鐵放在爐中一面加熱，一面以火焰燃燒生鐵中的碳及其他雜質所得較純的鐵，稱為熟鐵（wrought iron）。熟鐵熔點比生鐵高，質軟而韌，富展性及延性，容易鍛接，多用於薄鐵板、厚板，如鉚釘及鐵絲等。

## 3.　鋼

含碳量介於生鐵與熟鐵之間，即 0.1 到 1.5% 的鐵稱為鋼（steel）。中鋼公司為我國最大的煉鋼廠。鋼因含碳量的不同分為三種鋼如表 3-5。

表 3-5　鋼的分類

| 名稱 | 含碳量 | 性質及用途 |
|------|--------|-----------|
| 軟鋼（mild steel）<br>中鋼（medium steel）<br>高碳鋼（high carbon steel） | 0.1～0.2%<br>0.2～0.6%<br>0.7～1.5% | 富展延性，可鍛接，製鋼絲、鋼鍊、鋼筋<br>硬度較大，抗拉強度大，製鐵軌、鋼架、鋼梁<br>展延性較低，質硬，製剃刀、鑽頭、鉗子等 |

⑴　**鋼的冶鍊**　鋼通常使用如圖 3-17 所示的轉爐冶煉。轉爐為梨型內襯耐火磚以鋼為外殼的爐。將鼓風爐所製得的液態生鐵倒入轉爐後，使轉爐直立並通入熱空氣時，生鐵中的碳、硫、磷等都被氧化，所產生的熱使鐵保持熔化，碳燃燒生成一氧化碳在爐口燃燒產生巨焰，經約 10 ～ 20 分鐘之久。火焰熄滅後停止熱空氣之供應，加入預先算好的碳及錳量後將爐傾轉，使鋼流入模中。

圖 3-17　轉爐煉鋼

⑵　**合金鋼**　在鋼中加入少許鉻、鎢、鎳、矽等元素，共熔時可製成具有特別性質的鋼，稱為合金鋼或特種鋼。表 3-6 表示各種合金鋼的組成及用途。

4.　**鐵鏽**

　　鐵及其製品，長時間放在潮濕的空氣中，鐵被氧化而生鏽。鐵鏽有褐鏽與黑鏽兩種。鐵在潮濕空氣中所生成的鏽是褐鏽，褐鏽呈褐色、質鬆多孔。因此鐵表面開始生鏽，很快的傳到周圍及內部，最後都變成鐵鏽而易剝落，就是鐵被腐蝕。

表 3-6  合金鋼

| 名稱 | 組成（鋼以外） | 性質 | 用途 |
|------|------|------|------|
| 鉻鋼 | 鉻 5% | 堅硬、韌性大 | 滾筒、軸承 |
| 鎳鋼 | 鎳 3.5～5% | 堅硬具彈性、抗腐蝕 | 槍砲、海底電纜 |
| 錳鋼 | 錳 10～18% | 極硬、抗磨耗 | 碎石機、鏟鍬器 |
| 鎢鋼 | 鎢 8～24% | 摩擦至紅熱仍不變性 | 高速工具 |
| 矽鋼 | 矽 12～15% | 耐酸 | 蒸酸鍋、化學水管 |
| 鉻釩鋼 | 鉻 2～10%、釩 0.2% | 抗拉強度大 | 工具、彈簧 |
| 高速鋼 | 鎢 18%、碳 7%、鉻 4%、錳 0.3% | 高溫時保持堅硬性 | 切割用工具、高速工具（如車床） |
| 不鏽鋼 | 鉻 18%、鎳 8% | 銀白色、耐腐蝕、不生鏽 | 化學、烹飪用機具、汽車材料、建材 |

## 5. 防止鐵生鏽的方法

①以蒸汽處理燒紅熱的鐵，使鐵的表面產生一層黑色的四氧化三鐵薄膜。此四氧化三鐵薄膜是所謂的黑鏽。黑鏽質緻密，可以保護鐵不再生鏽。

②在鐵的表面鍍一層不活潑的金屬。例如，鐵皮表面鍍鋅成鍍鋅鐵俗稱白鐵皮，可做屋頂之用。另外在鐵皮表面鍍錫成鍍錫鐵，俗稱馬口鐵，可做罐頭食品容器。

③用油漆或搪瓷附著於鐵器表面，隔絕潮濕空氣與鐵器的直接接觸。家用鐵門、鐵窗常用紅色的油漆加鉛丹，塗在其表面以保護鐵器。

④如上述以合金鋼方式，生成不生鏽的不鏽鋼。

## 3-3.2　合金

　　一金屬加其他金屬熔合在一起時生成固態溶液的合金。合金能夠改進原來金屬的性質，擴展金屬的用途。圖 3-18 表示合金的優點。

①較耐熱，但其熔點往往較原來金屬的熔點低。

②合金的硬度會增加。

③合金表面保持金屬光澤，不易生鏽。

④合金化學抵抗力增加，耐腐蝕，但易加工。

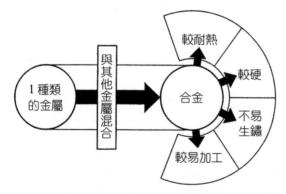

**圖 3-18　合金的優點**

　　化學工程師依照實際需要製造各種合金，事實上今日各國所用的硬幣，家庭及工廠使用的各種工具，建築及交通工具所用的金屬，多數都是合金所製的。下列各金屬的代表性合金。各表（表 3-7－表 3-11）中表示主金屬以外的金屬及性質及用途。

表 3-7　鎳合金

| 名稱 | 組成（鎳以外） | 性質 | 用途 |
|------|----------------|------|------|
| 鎳銅合金 | 銅 75% | 銀白色、不生鏽 | 貨幣 |
| 鎳鉻合金 | 鉻 15～20% | 電阻大、熔點高 | 電熱器 |
| 莫乃耳合金 | 銅 30% | 質硬耐腐蝕 | 工作檯面、槍彈 |

表 3-8　銅合金

| 名稱 | 組成（銅以外） | 性質 | 用途 |
|------|----------------|------|------|
| 青銅<br>（bronze） | 錫 4～12% | 硬度大、耐腐蝕、可鑄造 | 雕像、貨幣、器具 |
| 黃銅<br>（brass） | 鋅 18～40% | 易熔、耐腐蝕、硬度低、易加工 | 器具、槍砲彈殼 |
| 鋁銅<br>（aluminum bronze） | 鋁 2～10% | 金黃色、耐腐蝕、強韌 | 裝飾品、鍍金國畫 |
| 磷青銅<br>（bronze phosphor） | 錫 4.8%、磷 0.2% | 堅硬具彈性 | 彈簧 |
| 德銀<br>（German silver） | 鋅 20%、鎳 20～25% | 銀白色、電阻大、耐腐蝕 | 電阻、電熱器 |

表 3-9　鋁合金

| 名稱 | 組成（鋁以外） | 性質 | 用途 |
|------|----------------|------|------|
| 堅鋁（dural） | 銅 3%、錳 1%、鎂 0.5% | 質輕而堅韌、耐張力 | 飛機材料 |
| 鎂鋁（magnallium） | 鎂 5～30% | 質輕、不生鏽 | 家庭用品 |
| 鑄製合金<br>（casting alloy） | 銅 8% | 凝固時體積膨脹、鑄造性 | 家庭用具 |

表 3-10　錫合金

| 名稱 | 組成（錫以外） | 性質 | 用途 |
|---|---|---|---|
| 白鑞（pewter） | 銻 7%、銅 3%、鋅 1% | 白色易熔 | 軟焊劑 |
| 焊錫（solder） | 鉛 50% | 熔點低 | 焊接金屬 |
| 活字金（type metal） | 鉛 75%、銻 20% | 凝固時體積微脹 | 印刷字體 |
| 巴氏合金（Babbit metal） | 銻 7～24%、銅 2～22% | 耐腐損 | 機器軸承 |
| 伍德易熔金（Wood's metal） | 鎘 12.5%、鉛 25%、鉍 50% | 熔點低 | 保險絲 |

表 3-11　其他較特殊的合金

| 名稱 | 組成 | 性質 | 用途 |
|---|---|---|---|
| 十八開金 | 金 75%、銅 25% | 金黃色光輝、硬度大 | 裝飾品 |
| 錳鎳銅合金 | 銅 78～86.5%、 | 高溫時電阻不變 | 標準電阻 |
| 史泰勒（Stellite）合金 | 錳 12～18%、鎳 1.5～4%<br>鈷 67%、鎢 4%、<br>鉻 28%、碳 1% | 硬而耐磨、不腐蝕 | 外科開刀器具 |
| 康銅（constantan） | 銅 60%、鎳 40% | 電阻係數大 | 電阻線、熱電偶 |

圖 3-19　各種合金之例

### 3-3.3 金屬材料的性質

　　圖 3-20 歸納金屬材料的性質。金屬材料能夠：(1) 變形，因此可彎曲、拉長及壓扁；(2) 熱處理，即燒鍊、以加熱及冷卻過程改善其性質；(3) 製成合金改進性質；(4) 防鏽以保護金屬；(5) 熔化後接合；(6) 鑄造，熔化的金屬放入模內冷卻成鑄造之用；(7) 削切及鑽孔；(8) 切斷金屬以切割剪可切斷等性質。因此金屬材料較易加工。

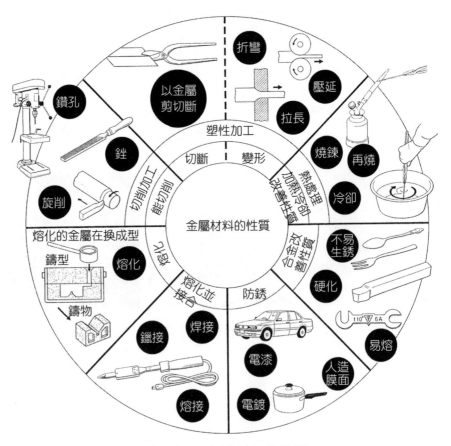

**圖 3-20　金屬材料的性質**

# 3-4　塑膠

　　碗筷、臉盆、水桶、牙刷、漱口杯、桌布、窗簾、桌椅、玩具、電氣製品、整套衛生設備甚至於整個房屋等，現代化學所製的塑膠產品，為現代人生活的必需用品。塑膠是人造的石油化學工業產品，能夠塑成各種形狀，質輕而安定，不受化學藥品的腐蝕，不導電等性質，使其取代過去常用的布、皮革、木材、金屬製品的地位。

　　塑膠是一種人造的高分子化合物。由原料的單體（monomer）化合物經聚合而成的聚合物（polymer）。塑膠依照加熱後可塑性質的不同，分為熱塑型塑膠（thermoplastics）及熱固型塑膠（thermosetting plastics）兩大類。

## 3-4.1　熱塑型塑膠

　　具有加熱時軟化，遇冷硬化性質的塑膠稱為熱塑型塑膠。熱塑型塑膠通常與合成纖維相似，為線狀結構的高分子化合物。圖 3-21 表示塑膠、橡膠及纖維的分子排列。

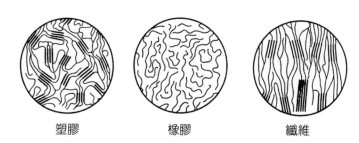

塑膠　　　　　橡膠　　　　　纖維

**圖 3-21　塑膠、橡膠及纖維的分子排列**

## 1. 製法

(1) **氯乙烯之製造** 以製造自來水管、塑膠板或塑膠容器的聚氯乙烯（polyvinyl chloride，簡寫為 PVC）為例，說明聚氯乙烯之製造。

石油裂解產物的乙烯與氯反應為二氯化乙烯（二氯乙烷）。二氯化乙烯在分解爐分解為氯乙烯與氯化氫。

氯化：$CH_2=CH_2 + Cl_2 \rightarrow ClCH_2CH_2Cl$

分解：$ClCH_2CH_2Cl \rightarrow CH_2=CHCl + HCl$

冷卻後脫氯化氫並通氧氣，再與乙烯反應，生成二氯化乙烯，以同步驟再分解為氯乙烯。圖 3-22 表示製造聚氯乙烯的過程。

$$4HCl + O_2 + 2CH_2=CH_2 \rightarrow 2ClCH_2CH_2Cl + 2H_2O$$

(2) **聚氯乙烯的製造** 氯乙烯為單體，經聚合反應為聚氯乙烯。

$$n\ CH_2=CH \xrightarrow{\text{聚合}} [-CH_2-CH-]_n$$
$$\quad\quad\quad |\quad\quad\quad\quad\quad\quad\quad |$$
$$\quad\quad\quad Cl\quad\quad\quad\quad\quad\quad\quad Cl$$

氯乙烯 　　　　　　聚氯乙烯 n ＝ 700～1500

無色氣體，沸點－ 13.9℃　白色粉末

聚合反應分為下列三步驟：

①開始反應（活性化）：R* 為過氧化物等分解為自由基的引發劑。

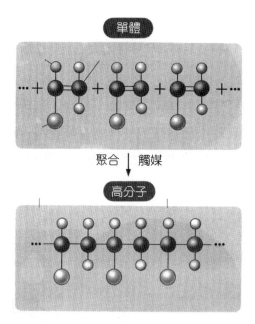

圖 3-22　聚氯乙烯製造過程

$$R^* + CH_2=CH \rightarrow R\text{-}CH_2\text{-}CH^*$$
$$\phantom{R^* + CH_2=}\underset{Cl}{|} \phantom{\rightarrow R\text{-}CH_2\text{-}}\underset{Cl}{|}$$

②成長反應：

$$R\text{-}CH_2\text{-}CH^* + CH_2=CH \rightarrow R\text{-}CH_2\text{-}CH\text{-}CH_2\text{-}CH^* \xrightarrow{\quad CH_2=CH \atop Cl \quad}$$

$$R\ (CH_2\text{-}CH)_2\ CH_2\text{-}CH^* \quad 立刻起同樣的鏈反應$$

③停止反應：自由基與自由基結合成共價鏈而終結聚合反應。

$$\cdots\text{-CH}_2\text{-CH*} + \text{*CH-CH}_2\text{-}\cdots \longrightarrow \cdots\text{-CH}_2\text{-CH-CH-CH}_2\text{-}\cdots$$

$$\begin{array}{ccc} | & | & \quad | \quad | \\ \text{Cl} & \text{Cl} & \text{Cl} \quad \text{Cl} \end{array}$$

熱塑型塑膠廣用於各種塑膠布、塑膠袋、包裝材料、容器、長管、電器用品、鈕扣等,惟聚乙烯所做的牙刷、杯子或碗等都不耐熱,加熱水或加溫時會軟化熔合結在一起,因此使用時要特別留意。表 3-12 為熱塑型塑膠及其用途。圖 3-23 為聚氯乙烯所製的水管。

表 3-12　熱塑型塑膠

| 名稱（記號） | 原料（單體） | 性質 | 用途 |
|---|---|---|---|
| 聚乙烯（PE） | 乙烯 $CH_2=CH_2$ | 輕、耐水、電絕緣體、耐藥品、易熔化 | 照相軟片、塑膠袋、各種容器 |
| 聚丙烯（PP） | 丙烯 $CH_2=CHCH_3$ | 耐熱、質較強輕 | 容器、長管、瓶子、日用器具 |
| 聚苯乙烯（PS） | 苯乙烯 $CH_2=CHC_6H_5$ | 耐水、耐藥品、較脆、可染色 | 速食麵碗、電機用品裝箱充填材 |
| 聚氯乙烯（PVC） | 氯乙烯 $CH_2CHCl$ | 耐水、耐藥品、加可塑劑形成軟質及硬質 | 水管、塑膠布、電線外皮、各種容器、地板 |
| 甲基丙烯酸甲酯塑膠 | 甲基丙烯酸甲酯 $CH_2=C\text{-}CH_3$ $\quad\quad COOCH_3$ | 透明、耐水、耐藥品、耐衝擊、強韌、又稱有機破璃 | 飛行用窗玻璃、防風玻璃、光學儀器、光纖維 |

圖 3-23　聚氯乙烯製品

## 3-4.2　熱固型塑膠

硬化成型後加熱不軟化亦不分解的塑膠稱為熱固型塑膠。熱固型塑膠具有立體的網狀結構，硬而耐熱，可用作食器、電氣器具、家具及板等建材。

### 1. **製造**

酚樹脂（phenol resin）為很早開始製造的合成樹脂。以酚及甲醛為原料，加酸或鹼為觸媒經縮合聚合而成。加酸時，生成的中間生成物稱為酚醛固形物（novolak），加六亞甲基四胺硬化劑並加熱即成型為酚樹脂。加鹼時，生成可溶酚醛樹脂（resol），加熱即架橋結合為酚樹脂。圖 3-24 表示酚樹脂的製造反應。圖 3-25 為酚樹脂製品。

### 2. **性質及用途**

表 3-13 為代表性熱固型塑膠的原料、化學結構、性質及用途。熱固型塑膠通常不稱聚 ×××，而以 ××× 樹脂稱呼。圖 3-26 為熱塑型塑膠的分子鏈結構造，圖 3-27 為熱固型塑膠的分子鏈結構造。

## 3-4.3　工程塑膠

無論是熱塑型或熱固型塑膠，便宜而廣用於各種器具，惟其抗熱性及機械強度較低。科學家改進塑膠的這些缺點，開發能夠取代金屬材料的塑膠，用作齒輪等機械器具，汽車的駕

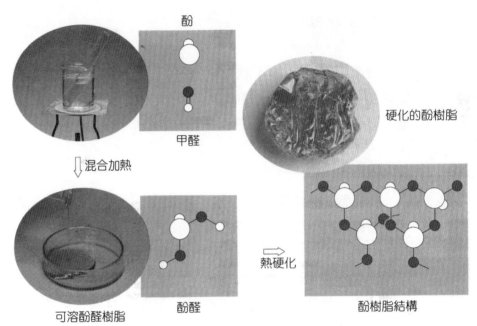

圖 3-24　酚樹脂的製造反應

圖 3-25　酚樹脂製品

　　駛盤、保險槓、電子產品的結構材料等用的塑膠稱為工程塑膠（engineering plastics）。表 3-14 為代表性工程塑膠。

表 3-13　熱固型塑膠

| 名稱 | 原料 | 性質 | 用途 |
|------|------|------|------|
| 酚樹脂<br>（phenol resin） | 酚 $C_6H_5OH$<br>甲醛 HCHO | 不導電、耐熱<br>耐藥品 | 食器、電氣用品配線板 |
| 尿素樹脂<br>（urea resin） | 尿素 $(NH_2)_2CO$<br>甲醛 HCHO | 透明、耐熱<br>黏著性 | 食品、電氣用品接著劑 |
| 三聚氰胺樹脂<br>（melamine） | 三聚氰胺 $C_3N_3(NH_2)_3$<br>甲醛 HCHO | 透明、有光澤<br>耐熱、耐久、可著色 | 食器、化妝板、家具 |
| 酸醇樹脂<br>（alkyd resin） | 苯二酐 $C_6H_4C_2O_3$<br>丙三醇 $C_3H_5(OH)_3$ | 具彈性、耐久性<br>黏著性 | 塗料、接著劑 |
| 聚矽氧樹脂<br>（silicone resin） | 氯三甲基矽烷 $(CH_3)_3SiCl$<br>二氯二甲基矽烷 $(CH_3)_2SiCl_2$<br>三氯甲基矽烷 $CH_3SiCl_3$ | 耐熱、耐水<br>電絕緣體 | 耐熱性塗料、防水劑、整型醫療劑 |

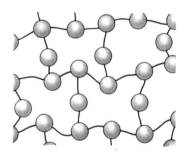

圖 3-26　熱塑型塑膠分子的鏈結　　圖 3-27　熱固型塑膠分子鏈結構造

表 3-14　代表性工程塑膠

| 名稱 | 特性 | 主要用途 |
|------|------|----------|
| 聚醯胺（polyamide）<br>聚縮醛樹脂（polyacetal resin）<br>聚碳酸酯（polycarbonate）<br>聚四氟乙烯<br>　（polytetrafluoroethylene） | 耐衝擊<br>耐熱、耐摩損、耐疲勞<br>高安定性<br>耐熱、耐藥品 | 汽車、電子、電氣製品<br>錄影帶、影印機<br>安全帽、照相器材<br>化學實驗器材、烹飪器具 |

　　圖 3-28 為汽車使用塑膠的部位。塑膠因質輕，廣用於汽車的各部位，不但沒有生鏽的顧慮而且減輕汽車重量。

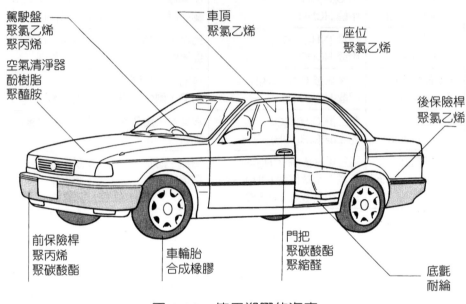

駕駛盤
聚氯乙烯
聚丙烯

車頂
聚氯乙烯

座位
聚氯乙烯

空氣清淨器
酚樹脂
聚醯胺

後保險桿
聚氯乙烯

前保險桿
聚丙烯
聚碳酸酯

車輪胎
合成橡膠

門把
聚碳酸酯
聚縮醛

底氈
耐綸

圖 3-28　使用塑膠的汽車

## 3-4.4　生（物）分解型塑膠

　　天然纖維及嫘縈製品放棄在自然界時，由於微生物的作用而分解。可是耐綸等合成纖維及塑膠，因尚無分解這些物質的微生物存在於自然界，因此廢棄時留存於河川、湖泊及土壤中，不但汙染環境，同時耐綸線所製的釣魚線在河川中漂流結果纏於鳥腳或鳥羽，傷害鳥類。科學家研究製造能夠由自然界存在的微生物分解的塑膠稱為生（物）分解型塑膠（biodegradable plastics）。

開始時，使用澱粉或乳酸等天然物質聚合所成的高分子化學物，但成本太貴而放棄。現在已製成具生物分解可能的聚己內酯（polycaprolactone）所製的原子筆桿、刮鬍刀柄等。這些物質在土壤中受微生物分解時，非分解性的一般塑膠亦能一起分解成細纖維狀，因此可做土壤改良劑。

# 3-5　住宅與環境保全

我們所居住的住宅為整個社區環境的一份子。因此理解有關住宅的資源、能源或廢棄物與環境問題的關係，思考各家庭或社區能夠實行的省能或省資源的方法。

## 3-5.1　住宅與環境保全

### 1.　資源、能量與住宅

我們的住宅使用木材、金屬、塑膠及玻璃等多數資源所建造。住宅中使用電燈、冷氣機、除濕機等電氣製品，同時消耗電力、瓦斯等能源。水在住宅不但用為飲料、烹飪，洗濯、清潔外，在廁所及浴室亦大量使用。因此我們生活行為的結果，排泄物之外放出生活汙水及廢棄物。如此，人類過方便而舒服的生活時，引起資源、能源的消耗，垃圾的增加及水汙染的問題產生，進一步因二氧化碳的大量排出，造成溫室效應以致地

球的溫暖化，圖 3-29 為家庭生活對環境的影響，因此在住宅
的家庭生活必須考慮環境問題。

圖 3-29　家庭生活所產生的環境汙染

## 2.　**家庭使用的水**

　　家庭所用的自來水，通常由水庫經自來水場的淨水池後送
到各家庭的水龍頭使用。現代家庭每人每天消耗 200 ～ 250 公
升的水，用於烹飪、洗濯、廁所及浴室等，其比率表示於圖
3-30。家庭生活用水中常發生而需留意的是水源的水質汙染、
缺水時的補救及生活廢水所引起的河川汙染等。水是很重要的

資源，盡量節水、少用洗潔劑，亦勿將用過的油倒入水槽中等，為現代人最基本的素養。

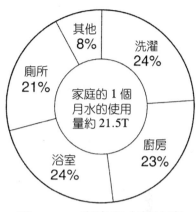

圖 3-30　家庭用水的比率

## 3. 家庭使用過的廢棄物

文明愈發達，家庭所排泄的廢棄物愈多，垃圾問題愈嚴重。垃圾掩埋場的設置與使用，往往引起府會的衝突及居民的杯葛，焚化廠的設置亦引起無數的問題。今日，家庭廢棄物最好由垃圾的減量及資源回收兩方面進行。

(1) **垃圾減量**　垃圾減量從紙類、塑膠袋、保麗龍餐具、各種瓶類及罐頭類的減量做起。

①紙類：大眾廣播的發達，報紙、雜誌及各種包裝紙類氾濫，充滿每個家庭的垃圾袋。廢紙最好不要搓成一團丟入垃圾筒，盡量保持平整集合一定數量捆扎以利回收再處理。購物時選擇包裝少的產品，據聞有的中秋月餅用十層以上的包裝，不但價高而且不實用，盡量避免。

②塑膠袋：盡量自備購物袋而減少索取塑膠袋，或選擇使用紙袋。未裝過油脂的乾淨塑膠袋可回收再利用。

③保麗龍餐具：自備餐具或購買鋼或瓷製的餐具。各速食店的保麗龍餐具應清洗後回收。

④瓶罐類：購買物品時盡量選購有補充品的產物，使瓶罐能多次使用而減少丟棄。瓶罐最好丟棄以各種分類回收筒內，例如玻璃瓶、鋁罐等。

其他乾電池、廢金屬製品、舊衣類等，盡量丟棄於指定回收筒中以利再處理。臺北市所實施的垃圾費隨袋徵收是以促進一般垃圾減量及資源垃圾回收為目標的新措施。

(2) **資源回收**　家庭廢棄物中有多數的重要資源，如能回收再處理，不但減少垃圾的掩埋及焚化量，而且可再利用。下面為臺北市政府於 2000 年 6 月《台北畫刊》389 期所發表的資源回收資料。

① 資源回收物可經下列管道回收：

(a) 在社區辦理跳蚤市場供住戶交換不用物品，達到物盡其用。

(b) 投置於公寓大廈或社區設置的「資源回收站」。

(c) 投置於里辦公室設置的「資源回收站」。

(d) 各式容器可送交便利商店的回收筒（箱）。

(e) 送交民間回收業者。

(f) 資源回收日以粗分類打包交給環保局清潔隊員，不需使用「專用垃圾袋」。

② 垃圾中可回收資源之分類與打包要領：

| 粗分類 | 細分類 | 項目 | 回收要領 |
|---|---|---|---|
| 壹、舊衣類 | | | 1. 將舊衣物折疊以繩索綁妥當送交回收管道。<br>2. 亦可投置道路邊合法設置之舊衣回收箱。（其外觀標示有環保局核准的文號、編號、社福團體的全銜及聯絡電話）。 |

| 貳、廢紙類 | 一、白紙類 | 電腦書紙<br>電腦報表紙<br>白信封<br>便條 | 1. 未沾濕之紙。<br>2. 鋪平疊好，並加以捆綁。<br>3. 不可混入塑膠光面之廣告宣傳用紙。 |
|---|---|---|---|
| | 二、混合紙類 | 雜誌、書籍<br>月曆、筆記本<br>包裝紙、宣傳單<br>影印紙、傳真紙<br>再生紙 | 1. 未沾濕之紙。<br>2. 去除塑膠包覆封面、外封套、筆記本之塑膠線圈。<br>3. 鋪平疊好，並加以捆綁。 |
| | 三、報紙類 | 報紙<br>電話簿 | 1. 未沾濕之紙。<br>2. 鋪平疊好，並加以捆綁。<br>3. 不可混入塑膠光面之廣告宣傳用紙。 |
| | 四、牛皮紙類 | 紙杯<br>容器<br><br>箱子<br>購物紙袋<br>糖果禮盒<br>波狀卡紙 | 1. 倒空內裝物，以水略加沖洗，並壓平裝入資源回收袋或捆綁牢固。<br>2. 先去除塑膠包覆封面、膠帶、釘針後將之壓扁，並以易於搬運之方式捆綁。 |
| 參、塑膠袋<br>（乾淨的） | 塑膠袋 | 各類材質塑膠袋 | 1. 不可沾有油脂或異物。<br>2. 倒除內部水分。<br>3. 每袋鋪平疊好，並加以捆綁。 |
| 肆之一、保麗龍食具（清理乾淨） | | 便當盒<br>碗、匙<br>泡麵盒<br>生鮮食品盒 | 1. 將竹筷衛生紙移除。<br>2. 將食物殘渣清除，可稍沾油脂不必清洗。<br>3. 層疊捆綁或壓縮捆綁。 |
| 肆之二、保麗龍緩衝材 | 防震墊品 | 電腦墊<br>電視墊<br>電冰箱墊 | 1. 將膠袋、釘針等拔除。<br>2. 將其拆解為小塊，使其易於打包減少體積。<br>3. 將其捆綁或置於大袋子中，袋子一併送交回收。 |

| 伍、一般類 | 一、鐵罐<br>二、鋁罐<br>三、玻璃瓶罐<br>四、寶特瓶<br>五、其他塑膠瓶 | PVC 瓶<br>養樂多瓶<br>牛奶瓶 | 1. 先去除瓶蓋後倒空內容物，以少許的水略加清洗，並盡可能壓扁。<br>2. 米酒瓶可至商店換取退瓶費用。<br>3. 寶特瓶貼有回收標誌者可至商店換取退瓶費。 |
|---|---|---|---|
| | 六、其他罐子<br>（瓦斯罐、殺蟲劑） | | 鑽孔倒出內裝物，勿混入飲料瓶中。 |
| | 七、農藥瓶 | | 以水沖洗另行處理，勿混入飲料瓶中。 |
| | 八、鉛蓄電池<br>九、乾電池<br>十、機車廢輪胎 | | 送指定場所（如乾電池為超商回收處） |
| | 十一、廢鐵 | 鐵絲、鐵釘、鐵板、機具 | 1. 請勿混入非鐵異物。<br>2. 或以袋子裝送出。 |
| | 十二、其他廢金屬 | 廢銅、廢鋁、銅類 | 請勿混入非金屬異物。 |
| | 十三、其他廢塑膠 | 塑膠管、塑膠玩具 | 1. 請勿混入非塑膠。<br>2. 以袋子裝送出。 |
| | 1. 以上一般類送交清潔隊員時均可以混合打包一起，或裝入資源回收袋，或以繩子捆綁處理交清潔隊員，環保局分類機可做後續分類；送交其他管道回收請以細分類打包。<br>2. 大件廢棄物請盡量自行拆解，將其分類為上述之資源回收物。 | | |
| 陸、四機一腦 | | 廢電視機<br>廢電冰箱<br>廢洗衣機<br>廢冷暖氣機<br>廢電腦等 | 1. 集合一定數量後與區清潔隊聯絡，約定回收時間。<br>2. 亦可與環保署基管會免付費專線聯絡（電話：080085717）。 |

## 3-5.2　家庭與環境保全

　　每日生活中能夠做到的環境保全及資源、能源的節約方法很多，圖 3-31 為可做到的家庭的環境保全項目。

| | |
|---|---|
| 1. 節約用水 | ・洗澡水的再利用。 |
| | ・盡量節省洗澡、洗衣及廁所的用水。 |
| | ・減少洗髮次數。 |
| | ・清潔劑不要過量使用。 |
| | ・食用油不倒於水槽。 |
| | ・利用雨水、井水。 |
| 2. 節約用電 | ・盡量不依賴冷氣機。 |
| | ・以窗簾等維持室內溫度。 |
| | ・使用冷氣機時室溫不要太低。 |
| | ・不購置不太使用的電氣器具。 |
| | ・照明或電視不用時立刻關。 |
| 3. 垃圾減量 | ・不買不用的商品。 |
| | ・不要不需用的包裝。 |
| | ・盡量不用「用就丟」的物品。 |
| | ・買可再利用的物品。 |
| | ・盡量能夠回收再處理。 |
| 4. 省用有害物質及污染物質 | ・購買物品時要看品質的標示。 |
| | ・盡量不依賴藥品或化學物質。 |
| | ・不使用含氟氯烷噴劑的。 |
| 5. 思考及行動項目 | ・調查居住社區的環境問題。 |
| | ・以社區為單位考慮減量垃圾及減少水污染、空氣污染的對策。 |
| | ・要求企業開發可再生的商品或節約能量的產品。 |

**圖 3-31　家庭的環境保全項目**

CHAPTER

# 行的化學

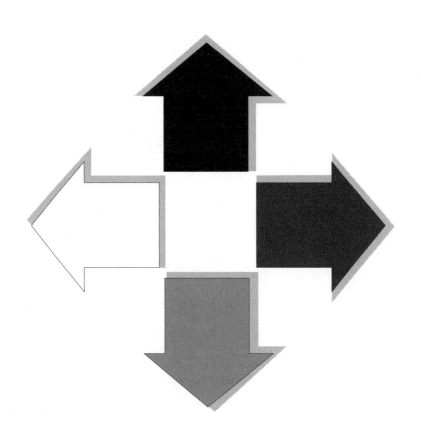

CHAPTER

# 4

# 行的化學

早期的人類以雙腳、驢馬及駱駝為陸上行的工具，以竹筏及木舟為水上行的工具。十六世紀中葉瓦特（James Watt）發明蒸汽機，以高壓的蒸汽開動蒸汽機並應用於火車及輪船。圖 4-1 表示蒸汽引擎的結構。自鍋爐燃料（煤或柴油）燃燒使水沸騰產生高壓蒸汽引入引擎使活塞向右並推動輪軸，

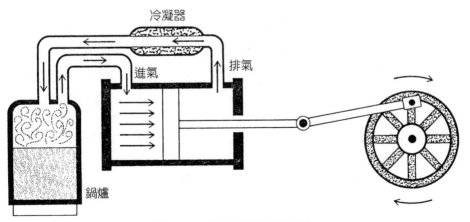

圖 4-1　蒸氣引擎的結構

蒸汽排出後活塞回到原來位置並拉回輪軸旋轉。再送入高壓蒸汽連續使活塞往復運動帶動旋轉輪軸及連結的車輪或螺旋槳，開動火車或輪船。蒸汽機的燃料在鍋爐燃燒，以蒸汽推動汽缸內的活塞，熱能產生的過程與熱能變為動能的過程，在不同部分進行，因此稱為外燃機（external combustion engine）。另一方面，燃料的燃燒與熱能轉換為動能的過程，在同一部分進行的稱為內燃機（internal combustion engine）。內燃機比外燃機的效率高，因為在內燃機將燃料（汽車或柴油）燃燒的熱能，不必經過輸送管，直接變成動能，減少熱能逸散消耗的機會。今日汽車的汽油引擎、柴油車的柴油引擎，噴射機甚至於火箭的引擎都屬於內燃機。圖 4-2 為 1876 年德國的奧托（Otto）所完成的四衝程即進氣—壓縮—燃燒膨脹—排氣的四衝程的循環，此循環過程又稱為奧托循環（otto cycle）。

第一衝程是進氣的過程。汽油與空氣的混合氣體的氣閥進入引擎的汽缸，推動活塞下降，同時吸更多的混合氣體進來。第二衝程是壓縮的過程。活塞上升，壓縮混合氣體使其體積縮小。第三衝程為燃燒過程。以火星塞的電花點燃混合氣體，使其燃燒體積膨脹而推動活塞下降。第四衝程是排氣過程。活塞上升使燃燒過的氣體自排氣閥排出。在奧托循環時帶動連桿並轉動飛輪。自從內燃機的發明以來，人類的行與化學起密切的關係。本章自外燃機、內燃機，探究石油與行有關的化學。

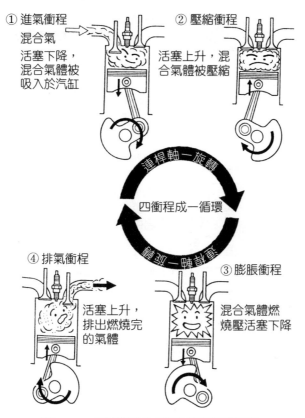

① 進氣衝程

混合氣

活塞下降，混合氣體被吸入於汽缸

② 壓縮衝程

活塞上升，混合氣體被壓縮

連桿軸一旋轉

四衝程成一循環

軸旋一轉桿連

④ 排氣衝程

活塞上升，排出燃燒完的氣體

③ 膨脹衝程

混合氣體燃燒壓活塞下降

圖 4-2　四衝程內燃機的循環過程

# 4-1　石油

　　石油是古代的海洋原始動植物，尤其是浮游生物（plankton）的遺骸沉積於海底後，砂土積在其上層，經長時間受地熱及地壓的作用碳化而成的。圖 4-3 表示石油油田的生成過程。

　　石油通常存在於沉積的岩石層，因地殼的變動成拱門形（斜背結構）的地層中，如圖 4-4 所示最底部為斜背結構的岩

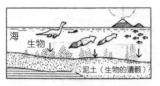
①有機物與土砂的堆積
　泥土與生物遺骸沉積於淺海底

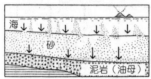
②油母的生成
　繼續沉積泥砂時被壓縮成泥岩或砂岩，
　在其間的生物等有機物變為油母

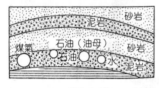
③熟成、石油的生成
　進一步於較深度受地熱及壓力的作用，
　泥岩中的油母分解生成石油、煤氣及水

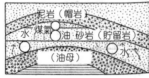
④石油的移動、集積
　煤氣、石油及水等在砂岩中移動，
　以浮力順序貯於斜背部成油田

圖 4-3　石油油田的生成過程

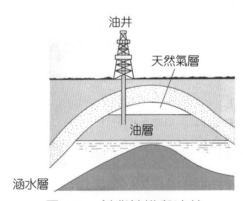

圖 4-4　斜背結構與油井

　　石層。岩石層上有一層鹽水層，石油層浮在鹽水層上面，石油
層上有天然氣層。因此產石油地區亦出產天然氣。石油盛產

於中東、美國、北歐、東
歐、印尼、中國大陸及聯
合國協等地區。從油田開
採的石油稱為原油。原油
為黃綠到暗黑色的黏稠液
體。原油開採後由油輪或
輸油管運送到各國的煉油
廠，經煉油廠分餾為適合
於各種用途的油，再經媒
裂或裂煉廠分解為石油化

圖 4-5　阿拉斯加輸油管

學工業原料。圖 4-5 為阿拉斯加的輸油管。圖 4-6 為煉油廠的
分餾裝置及用途。

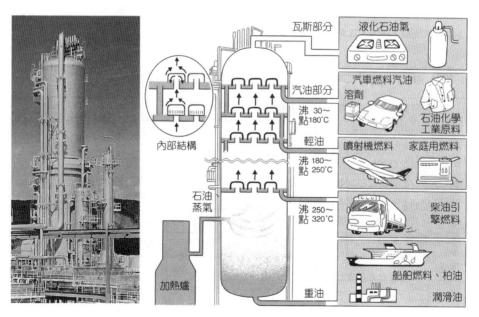

圖 4-6　煉油廠的分餾裝置與用途

## 4-1.1 石油的分餾

石油為各種碳氫化合物的混合液體。各種碳氫化合物都具有其固有的沸點，分子量愈大的碳氫化合物沸點愈高，因此在煉油廠加熱石油使其蒸發，以分餾方式將沸點相近的成分分離。表 4-1 為原油分餾產物及其用途。最低溫時分離的成分為丙烷及丁烷等氣體，這些氣體經壓縮成家庭用的液化石油氣（LPG，即 liquefied petroleum gas）。其次依照沸點由低到高的順序分餾出汽油餾分、燈油、柴油、重油等沸點相近的混合物。從汽油餾分可細分為汽油與石油腦。石油腦為很重要的石油化學工業原料。我國五輕、六輕廠仍以熱裂及媒裂方式裂煉石油腦為乙烯、丙烯，使石油腦重組為苯、甲苯以製造多數石油化學工業產物。圖 4-7 為由原油開始的石油化學工業產品的樹模型。

表 4-1　原油分餾產物及其用途

| 成分 | 組成 | 沸點（℃） | 用途 |
|------|------|-----------|------|
| 石油氣 | $CH_4 \sim C_4H_{10}$ | < 30℃ | 家庭用液化石油氣 |
| 汽油餾分 | $C_5H_{12} \sim C_9H_{20}$ | 30～180℃ | 汽油、溶劑，其中 $C_5H_{12} \sim C_6H_{14}$ 部分為石油腦，是石油化學工業原料 |
| 燈油 | $C_{10}H_{22} \sim C_{16}H_{34}$ | 180～250℃ | 家庭用燃料，噴射機、內燃機燃料 |
| 柴油 | $C_{15}H_{32} \sim C_{20}H_{42}$ | 250～320℃ | 柴油引擎燃料 |
| 重油 | $C_{16}H_{45} \sim C_{22}H_{46}$ | > 300℃ | 輪船燃料、潤滑油 |
| 殘渣 | | | 舖馬路用柏油、塗屋頂以防水 |

## 4-1.2　液化石油氣

　　液化石油氣為石油分餾最早餾出的氣體，經加壓凝結為液體裝入鋼筒的。液化石油氣主要成分為丙烷（$C_3H_8$），此外含少量的丙烯（$C_3H_6$）及乙烯（$C_2H_4$）。這些氣體都很容易引火燃燒，密閉房屋內充滿液化石油氣而點火時將起爆炸，使用時需特別留意。打火機所填充的是液化丁烷（$C_4H_{10}$）。

圖 4-7　石油化學工業樹模型

## 4-1.3　汽油與燈油

　　石油分餾產品中，家庭最常用的是汽油與燈油。汽油是沸點在 30 ～ 180℃的碳氫化合物的混合液體，如前述常用做汽車汽油引擎的燃料。燈油是沸點在 180 ～ 250℃的碳氫化合物的混合液體。在寒冷地區家庭常用於暖氣爐的燃料以取暖外，可用為噴射機的燃料。圖 4-8 為使用燈油的家庭用暖氣爐。汽油與燈油都是無色液體，可是汽油比燈

圖 4-8　使用燈油的暖氣爐

油易引火，因此誤將汽油當作燈油倒入暖氣爐時，將引起意外的大事故，因此需要特別小心，千萬不能放錯。

# 4-1.4　汽油的辛烷值

汽油的蒸氣與空氣混合氣體在汽車引擎的汽缸內點火燃燒時，因急速燃燒而起震爆（knocking）現象，使引擎動力降低外並損傷引擎。因此，汽油中往往加抗震劑（antiknock agent）以減少震爆。汽油的抗震程度以辛烷值（octane number，簡寫為 ON）表示。異辛烷（2,2,4- 三甲基戊烷）震爆情形最低，其辛烷值定為 100；正庚烷的震爆情形最嚴重，其辛烷值定為 0。汽油是己烷到壬烷的混合物。利用這些烷類的適當配合，可標出市售各種汽油的辛烷值。例如，某一汽油的辛烷值 90，其震爆程度與 90% 異辛烷及 10% 正庚烷混合氣體的震爆程度相同。辛烷值愈大的汽油震爆程度愈低，辛烷值愈小的汽油震爆程度愈高。

$$CH_3-\overset{\overset{\displaystyle CH_3}{|}}{\underset{\underset{\displaystyle CH_3}{|}}{C}}-CH_2-\overset{\overset{\displaystyle CH_3}{|}}{CH}-CH_3 \qquad CH_3-CH_2-CH_2-CH_2-CH_2-CH_2-CH_3$$

異辛烷　　　　　　　　　　　　　　正庚烷

辛烷值：100　　　　　　　　　　　　　0

表 4-2 為一些碳氫化合物的辛烷值。由表可知直鏈的碳氫化合物的辛烷值較低，而旁鏈或環狀碳氫化合物的辛烷值較高。

表 4-2　一些碳氫化合物的辛烷值

| 碳原子數 | 直鏈烷 | 辛烷值 | 旁鏈或環狀烷 | 辛烷值 |
|---|---|---|---|---|
| 3 | 丙烷 | 112 | | ─ |
| 4 | 丁烷 | 94 | | ─ |
| 5 | 戊烷 | 62 | 2- 甲基丁烷（異戊烷） | 93 |
| 6 | 己烷 | 25 | 甲基環戊烷 | 91 |
| 7 | 庚烷 | 0 | 甲基環己烷 | 75 |
| | | | 甲苯 | 103 |
| | | | 2,2,3- 三甲基丁烷 | 116 |
| 8 | 辛烷 | −19 | 2,2,4- 三甲基戊烷（異戊烷） | 100 |

# 4-1.5　含鉛汽油與無鉛汽油

　　科學家發現添加少量的四乙基鉛〔$(C_2H_5)_4Pb$〕於汽油時，可改良其抗震性使震爆程度減少。例如在 1 公升汽油中只加 1 毫升的四乙基鉛，可增加汽油的辛烷值 10 以上。可是，鉛是有毒的而且沉積於汽缸中，通常加二溴乙烷作爲鉛的清除劑，惟清除而排除的含鉛塵埃又會造成空氣的汙染。

　　科學家繼續探究製造不含鉛而辛烷值高的汽油。表 4-2 可知旁鏈碳氫化合物通常較直鏈碳氫化合物的辛烷值爲高。結果發現，使用催化劑可使直鏈的碳氫化合物異構化成旁鏈的碳氫化合物。例如以氯化鋁爲催化劑，可使正戊烷異構化成 2- 甲基丁烷（即異戊烷），以提高辛烷值。

$$CH_3CH_2CH_2CH_2CH_3 \xrightarrow{AlCl_3} \overset{\displaystyle CH_3}{\overset{|}{CH_3CHCH_2CH_3}}$$

　　戊　　烷　　　　　　　2-甲基丁烷（異戊烷）

辛烷值：62　　　　　　　　　90

經過催化異構反應（catalytic isomerization reaction）可改良汽油的品質，以此方法製造的汽油稱為無鉛汽油。

## 4-1.6　安全氣囊

汽車通常準備安全氣囊為保護駕駛或坐前排人的安全，當汽車與前車或物體碰撞時膨脹，緩衝人體與車身的碰撞。氣囊中放入氮化鈉（$NaN_3$）與氧化鐵（$Fe_2O_3$），碰撞時產生火花，引起兩者的急速反應放出大量的氮，使氣囊迅速膨脹。

$$6NaN_{3(s)} + Fe_2O_{3(s)} \rightarrow 3Na_2O_{(s)} + 2Fe_{(s)} + 9N_{2(g)}$$

圖 4-9　汽車的安全氣囊

圖 4-10 表示石油化學工業製品在各領域的用途。

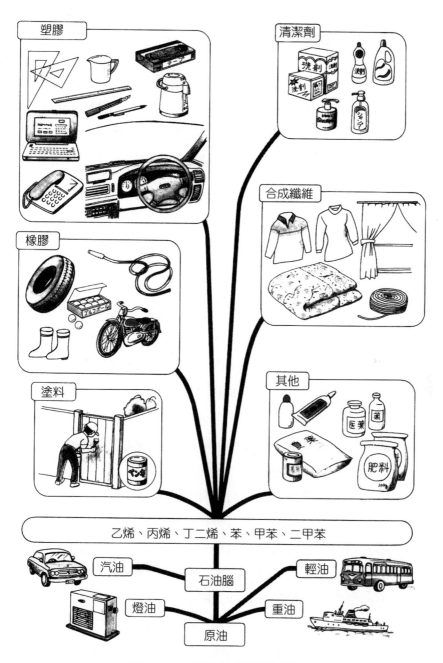

圖 4-10　石油化學工業產品

# 4-2 飛機與噴射機

飛機是現代生活重要的長程交通工具。從臺灣到美國坐輪船需好幾天，但坐飛機不到一天就可到。飛機的發明於 1903 年萊特兄弟在美國北卡羅來納州的沙丘上飛行 59 秒 161 公尺，到目前尚不到一百年，但已進步到噴射機成為人類生活最快的交通工具。

## 4-2.1 飛機飛行的原理

在十六世紀，白努利（Bernoullis）發現在環繞一流體（如空氣、水）的壓力與流體運動速度間有一有趣的關係存在。他發現使一流體的流勢加快時，環繞在流體流勢的壓力會降低，因此在快速流動的流體周圍生成一種部分的真空。如圖 4-11 所示，飛機機翼從正面有空氣吹進時，空氣通過翼上曲面較長距離較通過翼下平面較短距離為快。假使空氣流速加快時，曲面上可得真空區而得浮力，使飛機上升。

飛機在飛行中所受的力有四種。一是受地心引力而使飛機向下的重力。第二是由白努利定律所造成的浮力又稱為升力。第三為由螺旋槳或噴射引擎所產生的向前推進力。第四是飛機本身受空氣的阻力，這四種力表示於圖 4-12。當飛機以水平方向做等速飛行時，其升力與重力抵銷。

飛機的推進力是由引擎所提供。早期飛機的引擎與汽車活塞式內燃機的引擎基本結構相似，惟效率更高，馬力較大，引

圖 4-11　白努利定律

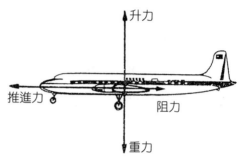

圖 4-12　飛機所受的力

擎轉動螺旋槳，螺旋槳轉動，把空氣向後推，因反作用力使螺旋槳向前推動使飛機獲得向前的推動力，空氣的流動使機翼因白努利定理而獲得升力，使飛機飛上天空。

## 4-2.2　噴射引擎

　　當飛機飛行的速度達到每小時 600 公里以上時，螺旋槳的推進效率降低，同時飛機引擎的活塞在高速做往復運動時，將引起機身的振動，因此螺旋槳飛機只適合於時速 600 公里以下的飛機。現代使用的客機無論是波音 -747 或麥道 -11，都是以近音速，即時速約 1,000 公里飛行。因此普遍使用渦輪噴射引擎代替過去的螺旋槳。圖 4-13 表示渦輪噴射引擎的結構。由噴射引擎的噴氣口噴出的氣體的反作

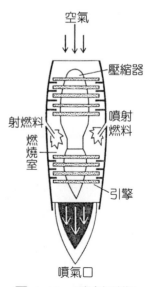

圖 4-13　噴射引擎

用獲得推進力。空氣由噴射引擎口進入後,在交叉排列而能旋轉的翼中被壓縮,壓縮的空氣與噴進的燃料氣體混合進入燃燒室燃燒,燃燒所產生的高溫及高壓的氣體旋轉引擎的渦輪機及壓縮機並由噴嘴噴出空氣使飛機獲得推進力。

# 4-3 其他航空器

## 4-3.1 熱氣球

　　利用氣球上太空的歷史早於飛機的發明,惟早期的氣球以氫較空氣的密度低,可使氣球獲得浮力上升天空,惟氫具燃燒性因此第一次世界大戰以後較少使用而以氦代替。氦是惰性氣體雖然無燃燒性,可是要得到大量的氦來做汽球或汽艇的填充氣較困難。二十世紀中葉以來,利用氣體受熱膨脹的原理所製的熱氣球在世界各地很流行,使人類以較低的代價可自行升空並操縱熱氣球。圖 4-14 為熱氣球升空的情形。加熱空氣時體積膨脹,冷卻時空氣體積會縮小。在同一壓力下加熱 0℃ 的氣體到 273℃時體積會增加一倍但密度會減少。熱氣球是利用氣體的熱脹冷縮原理所製的氣球。氣球底部有瓦斯燃燒器。瓦斯

**圖 4-14　熱氣球**

燃燒器燃燒的空氣送進氣球內，氣球內的空氣因熱膨脹，密度降低，氣球受到浮力而上升。

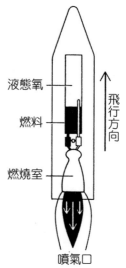

液態氧

燃料

燃燒室

飛行方向

噴氣口

圖 4-15　火箭引擎

## 4-3.2　火箭

　　火箭的引擎與噴射機引擎相似，從引擎噴射氣體，利用噴氣的反作用力獲得推進力。圖 4-15 為液體燃料的火箭。液體燃料的火箭能夠操縱停止再點火等步驟，因此較易控制。

# 5

CHAPTER

## 環境的保全

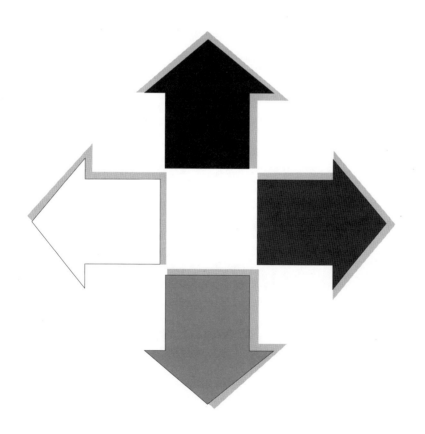

# 5 CHAPTER

# 環境的保全

生物爲了生命的成長及延續，必須從體外攝取對其身體有益的物質，經新陳代謝過程，向體外排泄廢物。因此爲了生命的成長及維持，必須消耗一些地球的資源與能源，同時汙染周圍的環境。化學雖然可使產量多、價廉而用途有限的物質爲原料，製造較貴重、美觀、實用而有效的新物質以滿足人類的需求，並提高生活品質，可是化學工業亦產生對人類及生物有害的氣體及廢水、廢棄物等，引起空氣汙染、水汙染及土壤汙染等問題，以破壞自然的生態系統，影響人類及生物的生存。因此，隨化學工業的發展及經濟建設的進步，如何兼顧人類生活環境的保全，正是現代人的責任及設法努力解決的課題。

# 5-1 空氣汙染

　　在自然界，因火山地帶的活動及生物的生活等，經常有各種物質放出於大氣中並溶於雨水中或被生物所攝取，可是在大都市或工業地區，由於工廠所排放的煙或汽油所排出的瓦斯、家庭及大廈等所排放的氣體及灰塵等汙染周圍的大氣，威脅人類的健康及動植物的正常成長。1952 年英國倫敦及其郊區所發生的煙霧事件有一千兩百萬人的肺部受損害而有約四千人因呼吸器官的病症死亡。近年來，印度化工廠的毒氣外洩，蘇俄核能電廠的原子爐爐心熔化結果所起北歐各國所受放射塵的災難，日本東海村的臨界事故所引起半徑 10 公里以內住民的避難等記憶猶新，可知大氣汙染的嚴重性及保全潔淨空氣之重要性。

## 5-1.1 空氣汙染的來源及其影響

　　圖 5-1 表示空氣汙染的主要來源。如此空氣汙染由於各種排煙或排放的瓦斯所含的二氧化硫、氮的氧化物、碳氫化合物及灰塵等為主要來源。此外由於氣象條件，氮之氧化物與碳氫化合物所成的光化學氧化劑（photochemical oxidant）亦為光化學煙霧（photochemical smog）的來源。

### 1. 二氧化硫

　　煤與石油通常含一些硫。因此交通工具及工廠燃燒石油（含汽油）或煤時，產生二氧化硫。二氧化硫刺激並傷害動

圖 5-1　空氣汙染來源

第 5 章　環境的保全 157

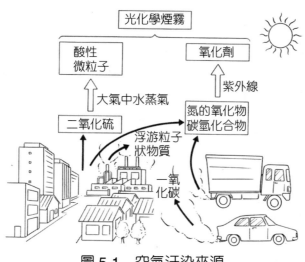

圖 5-1　空氣汙染來源

的呼吸器官。二氧化硫與空氣中的氧反應生成三氧化硫，三氧
化硫易與水反應成硫酸，因此二氧化硫為酸雨的主要來源。酸
雨為 pH 值低於 5.6 的雨，酸雨將使樹木枯萎，溶解灰石、大
理石及金屬製品並使房屋腐蝕。臺灣因火力發電廠的存在，桃
園及基隆地區有大理石建築物的受損及植物枯萎等酸雨影響的
現象產生。

## 2.　**一氧化碳**

碳及其化合物在氧不足的情況下不完全燃燒而產生一氧化
碳。一氧化碳為對動物極危險的氣體。一氧化碳的危害，主要
在於干擾氧由肺部經動脈輸送到人體的過程。一氧化碳與血液
中血紅素結合，使血紅素失去輸送氧的功能，以致一氧化碳中
毒。汽車廢氣中常含一氧化碳，煤氣爐在密閉浴室中不完全燃
燒亦產生一氧化碳。惟一氧化碳較空氣輕，如在通風良好處易

擴散於空氣中較無危害性，可是在密閉的汽車或浴室內，顯然很危險。

## 3. 氮的氧化物

一氧化氮（NO）及二氧化氮（$NO_2$）為汽車廢氣、工廠燃燒爐的廢煙中的氣體，通常以 表示。氮的氧化物中二氧化氮為紅棕色氣體，在足夠高濃度時能危害動物肺部。氮的氧化物在空氣中與氧、水反應成為酸雨。圖 5-2 表示由二氧化硫及氮的氧化物生成酸雨的途徑與酸雨的影響。

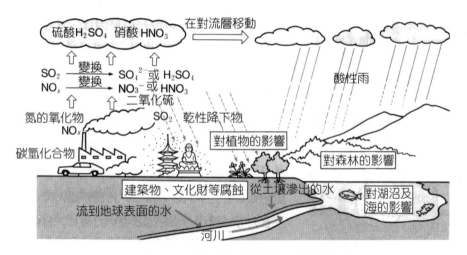

圖 5-2　酸雨的成因及其影響

## 4. 碳氫化合物

煉油廠、加油站等使用大量石油、柴油及汽油的場所往往因蒸發現象而有相當量的碳氫化合物（如丙烷、戊烷及辛烷等）進入鄰近的空氣中，汽車廢氣中亦含未燃燒的碳氫化合物。這些碳氫化合物氣體本身為空氣汙染的來源外，如圖 5-1

所示碳氫化合物與氮的氧化物藉紫外線的作用引起光化學反應生成光化學氧化劑，最後形成氣體與微塵的混合物稱為光化學煙霧。光化學煙霧將瀰漫於整個地區而不易散開，刺激動物的眼睛、損傷呼吸器官。

5. **氟氯烷**

　　氟氯烷，又稱氟氯碳化物，為碳、氟及氯所成的化合物，化學性質很安定有不易燃燒且易揮發為氣體的特性，過去廣用於電冰箱及冷氣機的冷媒，或刮鬍膏、香水及化妝品的噴霧劑。因為氟氯烷相當安定，放出於空氣時，在大氣的對流層不會分解而達到含有臭氧層的平流層。臭氧層能夠吸收陽光中對人體有害的紫外線。惟近年來科學家發現南極上空出現臭氧洞有逐漸擴大的現象。圖 5-3 表示南極上空的臭氧洞。氟氯烷上升到平流層時受紫外線的照射而起分解放出氯原子。氯原子與臭氧層的臭氧反應放出一個氧原子與一個氧分子。氧原子再與臭氧反應生成臭氧層的破裂而產生臭氧洞。圖 5-4 表示氟氯烷的用途與臭氧層破壞的模式圖解。

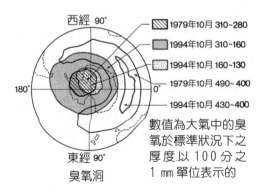

圖 5-3　南極上空的臭氧洞

圖 5-4　氟氯烷的用途及臭氧層破壞的模式

　　大氣中的臭氧層被破壞生成臭氧洞後，陽光中的紫外線照射到地球表面的紫外線量增加，結果引起動物遺傳因子的異常，產生皮膚癌機率的增加，降低植物的成長等現象。為了保全大氣中的臭氧層，1990 年國際間於加拿大蒙特婁的協定在 2000 年全廢氟氯烷，以其他物質代替。

## 6.　二氧化碳

　　地球大氣中的二氧化碳的含量只是 0.033% 而已，但二氧化碳在動植物的生命過程中擔任很重要的角色。圖 5-5 表示二氧化碳的循環。大氣中的二氧化碳因生物的呼吸及物質的燃燒而增加，另一面植物以光合作用將二氧化碳與水分轉變為葡萄糖與氧。此外海水亦吸收及放出二氧化碳，因此大氣中的二氧化碳數千年來維持一定的濃度。

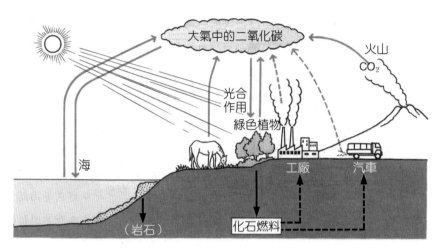

圖 5-5　二氧化碳的循環

二十世紀來由於大量的石油、汽油及煤等燃料的燃燒與雨林、森林的縮小等造成大氣中二氧化碳濃度的增加。圖 5-6 為夏威夷島山所觀測的大氣中二氧化碳濃度的增加情形。

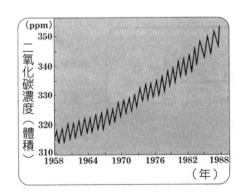

圖 5-6　夏威夷島大氣中二氧化碳濃度

一般空氣中所含二氧化碳的量，對人體健康毫無影響，但在電影院、劇院、禮堂及教室等多數人在一起而通風不良時，

二氧化碳的濃度將增加。如二氧化碳濃度達到 3% 時，將會引起頭暈現象，因此需留意室內的換氣。

陽光能夠通過大氣中的二氧化碳到地球表面，並由地球表面以紅外線方式反射到大氣中。大氣中的二氧化碳能夠吸收一部分的紅外線而使氣溫上升，因此二氧化碳濃度增加時，如圖 5-7 所示，使空氣更溫暖，即產生所謂的溫室效應（greenhouse effect）。根據氣象紀錄，過去一百年間，地球的平均溫度升高華氏溫標 1 度。如果地球以現在的速度增加二氧化碳的濃度時，二十一世紀以後的年代裡，溫室效應更顯現，結果可能使南北極的冰山熔化而全球的海平面上升，可能淹沒海岸都市、島嶼及一些田園並使全球氣候產生巨大變化，影響動植物的生態系統。

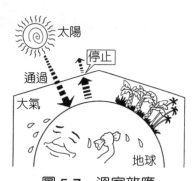

圖 5-7　溫室效應

## 7.　懸浮性微粒

懸浮微粒汙染物，如乾燥土壤所產生的灰塵、森林火災時不完全燃燒所產生的細灰、工業上原料的研磨或粉碎過程所產生的懸浮性微粒，及花粉等都是空氣汙染的來源。懸浮性微粒大小約 10 μm，較小者在空氣中長時間懸浮運動，較大者即受地心引力影響，逐漸沉積於地面。懸浮性微粒在空氣中使陽光散射並使陽光減弱，動物呼吸時吸入懸浮性微粒，會危害肺的正常功能，可能引起肺氣腫或慢性支氣管炎等病症。

## 5-1.2　空氣汙染之防治

　　保持清潔的空氣不但可維護人類的健康，也防止財產的損失及保全大自然的生態系統，因此個人或家庭，盡量不產生空氣汙染物質，如不隨地吸菸、燃燒紙張、木材及五金等，以不產生、不擴散汙染為現代人的最基本的素養。

### 1.　二氧化硫

　　對於酸雨主要來源的二氧化硫，從排煙中設法脫硫方式進行，以吸收或吸附劑吸收後回收硫分。表 5-1 為常用自排煙脫二氧化硫及回收生成物。

表 5-1　排煙的脫硫

| 方式 | 吸收或吸附劑 | 回收生成物 |
|---|---|---|
| 濕式 | 氫氧化鈉或亞硝酸鈉溶液<br>氨水<br>灰石或消石灰<br>氫氧化鎂<br>鹼式硫酸鋁溶液<br>稀硫酸 | 亞硝酸鈉、硝酸鈉、二氧化硫、石膏<br>硫酸銨、石膏、硫、二氧化硫<br>石膏<br>二氧化硫、石膏<br>石膏<br>石膏 |
| 乾式 | 活性碳 | 硫酸、石膏 |

　　圖 5-8 為火力發電廠等排氣量較多的工廠使用灰石粉來除去二氧化硫的裝置。

### 2.　氮的氧化物

　　汽車因內燃機的改良，使燃燒技術的進步抑制氮氧化物的生成，如圖 5-9 以催化反應器接在汽車排氣口，使汽車所排出

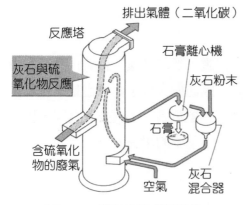

圖 5-8　除二氧化硫裝置

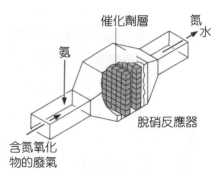

圖 5-9　除氮氧化物裝置

的氮氧化物經催化劑與氨反應分解為氮與水蒸汽而排放於空氣中。

### 3. 氟氯烷

　　自 2000 年全面禁用氟氯烷，因此目前設法回收氟氯烷，使其不排放於大氣外，科學家已製成氟氯烷代替物質。冷媒用的氟氯烷以 HFC-134 即 $CH_2FCF_3$ 取代，起泡劑用的氟氯烷以 HCFC-123 即 $CHCl_2CF_3$ 或 HCFC-141 即 $CH_3CCl_2F$ 所取代，雖然此兩種化合物的分子內亦含氯原子，可是這些分子在未達到平流層以前就會引起分解，因此不會影響臭氧層。

### 4. 一氧化碳

　　如圖 5-9 除氮氧化物的催化反應器中加鉑催化劑於前半部位時，排氣中的一氧化碳能夠氧化成為二氧化碳而排出，以避免一氧化碳的危害。

## 5.　二氧化碳

　　設法盡量減少物質燃燒的機會,例如臺北龍山寺已禁止在寺內燒金紙等外,近年來科學家致力於研究「碳隔離」,將二氧化碳儲藏在地底深處的鹹水層,或將二氧化碳打入油井、煤層、或深埋於大洋底下貯藏二氧化碳以防止地球的溫室效應。例如將二氧化碳注入油田時,可讓孤立而孔狀土地存在的原油膨脹而互相連接,幫助原油自油井噴出。對於埋藏於地底過深而無法開採的煤礦,因天然氣的甲烷附著於煤層,通進二氧化碳時,二氧化碳可取代甲烷而使無用的煤層轉變為天然氣的來源。地底 600 公尺處多為鹹水層,將二氧化碳打入鹹水層可儲藏大量的二氧化碳。如此「碳隔離」的方法美國能源部已投入龐大的經費進行研究,相信不久的將來能實現以降低全球的溫室效應。圖 5-10 表示二氧化碳回收後的各種處理方式。

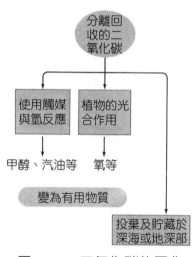

圖 5-10　二氧化碳的回收

## 6.　懸浮性微粒

　　懸浮性微粒通常使用旋風集塵器來除塵。圖 5-11 為旋風集塵器的結構。

　　旋風集塵器將含懸浮性微粒的氣體導入集塵器後,受離心器的離心作用,灰塵等微粒分離到集塵器內壁,受重力作用從

器壁下降到器底，由底管導出，澄清的空氣由器頂排放於大氣。

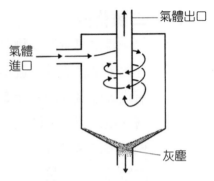

圖 5-11　旋風集塵器

　　表 5-2 為適合於健康生活環境的空氣中，汙染物質的基準量。雖然在交通量多的地區亦應保持在此基準量以下。

表 5-2　適合於生活環境的空氣

| 汙染物質 | 基準量 |
|---|---|
| 二氧化硫（$SO_2$） | 0.04 ppm 以下 |
| 一氧化碳（CO） | 10 ppm 以下 |
| 二氧化氮（$NO_3$） | 0.06 ppm 以下 |
| 懸浮性微粒 | 0.10 mg/$m^3$ 以下 |
| 光化學氧化劑（$O_3$, $CH_3COONO_2$ 等） | 0.06 ppm 以下 |

ppm 表示百萬分數，10 ppm 為百萬分之十

# 5-2　水汙染

　　自然水包括海水、河水、湖水、井水、雨水和地下水等為一切生物最常用而必需的物質。自然水中所溶解的無機物質，例如二氧化碳、鈉離子、氯離子等，在含量不多時，不但無害於人體反而有益。水中若含有機物時，常帶病菌，易傷人體的健康。自然水中常含有少數的有機物及微生物。水中的微生物能夠吸收氧並分解一部分的有機物為二氧化碳與水，另一部分

的有機物被微生物所攝取增進其繁殖。此一過程稱為水的自淨
作用。圖 5-12 為水的自淨作用的圖解。隨人口的急激增加、
住宅區的擴大及產業活動的活潑化等急速增加生活用水及產業
用水之量。同時使用過的生活用水及產業用水的大量排放於自
然水，引起自然水中的有機物增加，促進水的自淨作用而急速
增加微生物並消耗溶於水中的氧。因此水中有機汙染物質增加
時，減少水中生物（含微生物）生存所需的氧而破壞水的自淨
作用。表 5-3 表示水質汙染指標。

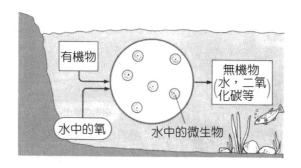

圖 5-12　水的自淨作用

表 5-3　水質汙染指標

| 指標 | 含意 |
|---|---|
| 化學需氧量（COD）<br>（chemical oxygen demand） | 自然水以過錳酸鉀等氧化劑氧化時，所用氧化劑之量換算為氧量之值。COD 值愈大表示水中有機汙染物愈多。 |
| 生物需氧量（BOD）<br>（biological oxygen demand） | 水中微生物為生存所消耗的氧之量。BOD 值愈大，表示水中微生物愈多，水汙染愈大。 |
| 溶氧量（DO）<br>（dissolved oxygen） | 溶解於水中的氧量。以 mg/kg 表示。DO 值愈低，表示水汙染愈多。 |
| 懸浮物質量（SS）<br>（suspended substance） | 1 公斤水中懸浮的直徑 2 mm 以下微粒的總量，以 mg 單位表示的。通常懸浮物質多數為有機物。 |

## 5-2.1 水汙染的來源及其影響

水汙染來源除了上節所述有機物質外，尚有下列各種汙染的來源。

### 1. 優養化物質

人畜的排泄物、工業廢水或化學肥料及家庭用清潔劑等含有磷及氮時，排放於水溝、池、湖及河流時，在水中逐漸累積營養物質成為優養化（eutrophication）的水，促進浮游生物（如藻類）的繁殖。這些浮游生物不但使水混濁，而且消耗水中的溶氧量並妨害魚貝類的生活。

### 2. 化學物質

工業廢水、灌溉水、學校實驗室及家庭排水中，往往含有對生物有害的化學物質。雖然這些化學物質排放的量不多，但經過魚貝類攝取並經各種食物鏈長期累積進入人體並影響其健康。圖 5-13 為多氯聯苯的生物濃縮過程。多氯聯苯（PCB）

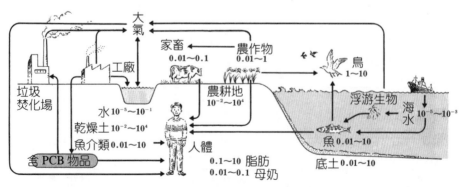

**圖 5-13 多氯聯苯的生物濃縮**

過去在精製油脂或做熱媒體等使用。多氯聯苯對人體有毒，可是多氯聯苯分子極安定，不但不會被微生物分解，在垃圾焚化場燃燒亦不會分解而擴散於土壤、河川及海洋。雖然在水或土壤中的濃度很低，但經食物鏈，由昆蟲、藻類、魚類、家畜及鳥類等逐漸濃縮，由食品到人體已濃縮到影響人體健康的濃度。

化學物質的汙染來源可分兩大類。

(1) **重金屬類**　汞、鉛、銅及鎘等重金屬進入人體，將引起各種障害。日本九州水俁灣居民因食用汞汙染的魚而得所謂的水俁病影響神經系統，新竹縣一部分田地因工廠廢水的鎘汙染而廢耕，因鎘將使人體起痛痛病。

(2) **殺蟲劑及農藥**　除多氯聯苯外，DDT 及 BHC 等有機氯化合物過去廣用為殺蟲劑。其他巴拉松等農藥、巴拉刈等除草劑經散播後不易分解而流入河水及土壤中，經長期累積濃縮將影響生物的健康。

(3) **熱汙染**　火力發電廠、核能電廠及化學工廠的冷卻水，其溫度往往較普通河水或海水高很多。這些冷卻水不經冷卻處理而排放於河水或海中時，將提高水溫影響中動植物的正常成長。南臺灣海中的秘雕魚和珊瑚的白化可能是工廠廢水的熱汙染所起的。

# 5-2.2　水汙染的防治

保持環境有清潔的水，不但維護人類的健康，可促進經濟的發展，因此無論在家庭、學校、公共場所及工廠，盡量不產

生、不排放並不擴散汙染物質爲現代人的責任。最簡單而可做
的是：

①家庭中盡量不產生、不排泄汙染物於水溝或河流，尤其食
　物殘渣及用過的油，不排泄於水槽中以免汙染物擴散於自
　然環境中。

②洗衣服時應使用無含磷的洗衣粉。

③設置工廠前應遵照水汙染防治法做環境評估並設置廢水處
　理廠或設置，使廢水中的汙染物不超過國家所制定的各種
　汙染物的最高許可濃度。表 5-4 表示汙染物質的排水基準。

表 5-4　汙染物質之排水基準

| 種類 | 最高許可濃度（mg/L） |
|---|---|
| 鎘及鎘化合物 | 0.1 |
| 氰化物 | 1.0 |
| 有機磷化合物 | 1.0 |
| 鉛及鉛化合物 | 0.5 |
| 鉻（VI）化合物 | 0.5 |
| 砷及砷化合物 | 0.5 |
| 汞及汞化合物 | 0.005 |
| 多氯聯苯（PCB） | 0.003 |

# 5-3　土壤汙染及其防治

　　地球上的岩石經過風、水及地震等的物理機械作用，空
氣、氧、水及碳酸等的化學作用結果粉碎而成土壤、土壤是生
產糧食的基本資源外，爲人類及陸地生物的生存場所。

　　工廠排煙、排水、廢棄物、農藥、化學肥料及垃圾等的大量排泄，結果其中所含的銅、砷、汞及鎘等有危害性重金屬及有機化學物質擴散於土壤並為土壤所吸收造成嚴重的土壤汙染，不但妨害農作物的成長，甚至影響攝食土壤汙染地區農作物之人類的健康。過去曾有食用鎘汙染土壤所生產的稻米而患痛痛病症的報導，南部因過去使用汞極電解冶煉鋁的汞廢棄物運輸到東南亞各國都被退回的問題產生。

　　土壤汙染的防治主要在於不隨意丟棄廢棄物及排放汙水。被汙染過的土壤的除去或添加未汙染的土壤以減輕汙染的濃度外，廢棄物的回收與再處理為可行而經濟的方法。圖 5-14 為家庭廢棄物的回收及再處理用途。

　　如此，廢棄物的回收與再處理，不但對環境的保全有利，而且能有效利用有限的資源，並節省能源。

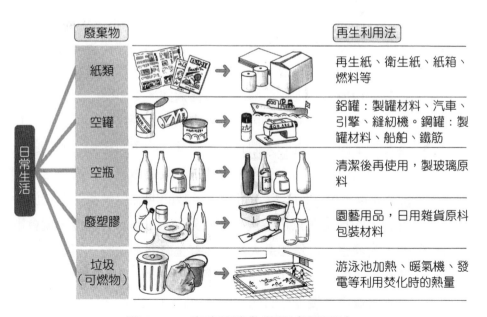

| 廢棄物 | | 再生利用法 |
|---|---|---|
| 紙類 | | 再生紙、衛生紙、紙箱、燃料等 |
| 空罐 | | 鋁罐：製罐材料、汽車、引擎、縫紉機。鋼罐：製罐材料、船舶、鐵筋 |
| 空瓶 | | 清潔後再使用，製玻璃原料 |
| 廢塑膠 | | 園藝用品，日用雜貨原料包裝材料 |
| 垃圾（可燃物） | | 游泳池加熱、暖氣機、發電等利用焚化時的熱量 |

日常生活

圖 5-14　家庭廢棄物的再處理用途

# 5-4　環境荷爾蒙

　　荷爾蒙（hormone）又稱爲激素，由生物體的內分泌腺，如甲狀腺、胰島素、性腺等所合成經血液輸送到組織細胞，調節細胞正常運作的化學物質稱爲荷爾蒙。荷爾蒙如維生素一樣，人體所需要的量極少，但能夠緩慢而持續性的對組織細胞有特異的生理作用，因此，荷爾蒙是人體不可缺少的化學物質。

　　1992 年在巴西里約（Rio de）熱內盧（Janeiro）召開的環境高峰會議，使世人開始重視地球環境問題。1996 年美國出版的《被竊取的未來（our stolen future）》指稱人類所製造的化學物質，已影響自然界生物產生異常的現象，引起學者及產業界對環境荷爾蒙（environmental hormone）的重視與其防護。環境荷爾蒙的正式名稱爲外因性內分泌攪亂化學物質（exogeneous endocrine disruptor）。是放出並蓄積於環境而攝取進入生物體內時，對生物體所進行的正常荷爾蒙作用產生惡影響的合成化學物質都稱爲環境荷爾蒙。

　　環境荷爾蒙與一般可引起公害病的化學物質不同。例如日本九州水俣灣附近的人們食用含甲基汞的魚貝後患水俣病的公害病仍是對特定的人被害，甲基汞的量爲微量（百萬分之一即 ppm）以上所起的公害。可是，多數的環境荷爾蒙卻存在於所有的人的身邊而只超微量（十億分之一 ppb）的程度，就會影響人的健康。可是如果人類對其有正確的知識時，可避免某程度的被害的。1998 年日本環境廳公佈的 70 種化學物質爲環境荷爾蒙並選擇優先檢討的 10 種物質，在 2002 年 6 月發表其影響的評鑑。其中對我們較有關的環境荷爾蒙表示於表 5-5。

表 5-5　主要的環境荷爾蒙

| 化學物質 | 結構 | 用途或成因 |
|---|---|---|
| 戴奧辛<br>（dioxines） | 2,3,7,8-TCDD<br>2,3,7,8- 四氯對戴奧辛 | 在化學物質合成過程或廢棄物燃燒時產生 |
| 多氯聯苯<br>（PCB） | Cl, Cl, Cl, Cl, Cl | 熱媒體，不含碳的紙 |
| 滴滴涕<br>（DDT） | Cl, Cl, CH–CCl₃ | 有機氯系殺蟲劑 |
| 雙酚 A<br>（bisphenol A） | 2,2–（對羥苯基）丙烷<br>CH₃<br>HO–C–OH<br>CH₃ | 聚碳酸樹脂，環氧樹脂等CD 基板的原料 |

# 5-4.1　戴奧辛

　　1960 年代，越南戰爭期間美軍進行的枯葉作戰所使用的枯葉劑中含戴奧辛，引起多數人產生肝臟障害、免疫細胞萎縮等的生體被害病症。越南戰爭終止後回國的士兵亦有多數發生癌症的現象，因此廣被研討戴奧辛對人體的影響，結果世界衛生組織（WHO）認定戴奧辛為致癌物並指定為具有環境荷爾蒙作用的毒性物質。

　　1983 年日本從垃圾焚化爐的排煙檢出戴奧辛的存在，其後在焚化爐鄰近地區，東京灣的魚類，甚至於人體母乳中亦檢出戴奧辛，使世人提高關心，媒體亦時常報導其毒害及防護法。

### 1. 戴奧辛的結構

戴奧辛為含氯的有機氯化合物。從其結構可分為三大類。

⑴ **聚氯二苯對戴奧辛**（polychlorodibenzo-p-dioxine，簡寫為 PCDD） 兩個苯環以兩個氧原子架橋所成的二苯對戴奧辛結構的 8 個氫原子部分或全部被氯原子所取代的。其中毒性最大的是 2,3,7,8－四氯對戴奧辛。

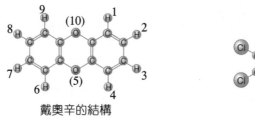

戴奧辛的結構

2,3,7,8-TCDD

⑵ **聚氯二苯并呋喃**（polychlorodibenzofuran，簡寫為 PCDF） 兩個苯環以一個氧的呋喃環連結而外側的 8 個氫原子被數個氯原子所取代的。主要的例為 2,3,7,8- 四氯二苯并呋喃（2,3,7,8-tetrachlorodibenzofuran，即 2,3,7,8-TCDF）。

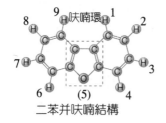

二苯并呋喃結構

2,3,7,8-TCDF

⑶ **同面多氯聯苯**（coplanar polychlorobipheny1，簡寫為 Co-PCB） 多氯聯苯中構成的原子都在同一平面上。如下圖的 3,3',4,4',5-PCB 結構。

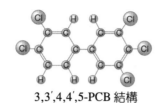

3,3′,4,4′,5-PCB 結構

## 2.　戴奧辛的生成機構

　　表 5-6 為戴奧辛類的生成機構，多數都由垃圾焚化爐所產生。

表 5-6　戴奧辛類之生成機構

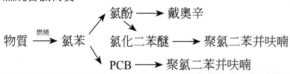

| |
|---|
| (1) 氯酚與其為原料的殺菌劑、枯葉劑等的副產物而生成。<br>　　氯酚 $\xrightarrow{\text{2 分子結合}}$ 戴奧辛 |
| (2) 製造多氯聯苯時的副產物<br>　　PCB $\xrightarrow{\text{脫 Cl}_2\text{，H}_2\text{ 或 HCl}}$ 聚氯二苯并呋喃 |
| (3) 燃燒含氯物質<br>　　物質 $\xrightarrow{\text{燃燒}}$ 氯苯　氯酚 ⟶ 戴奧辛<br>　　　　　　　　　氯化二苯醚 ⟶ 聚氯二苯并呋喃<br>　　　　　　　　　PCB ⟶ 聚氯二苯并呋喃 |
| (4) 氯滅菌或氯漂白時生成<br>　　二苯對戴奧辛，二苯并呋喃 $\xrightarrow{\text{取代氯}}$ 戴奧辛　聚氯二苯并呋喃 |

## 3.　戴奧辛類的性質

- 常溫時為白色晶體
- 幾乎不溶於水
- 熔點 196.5～485℃
- 不到 750℃不會分解

- 不被微生物分解
- 可被光線分解
- 易溶於油脂

## 4. 對人體的影響

戴奧辛通常經遇大氣、水、土壤及食物進入人體內,其中 90% 以上從食物攝取。一天攝取容許量（Tolerable daily intake 簡寫為 TDI）1 公斤體重 1 ～ 4 微克,超過時對人體有害。表 5-7 為戴奧辛對人體的毒害。

表 5-7　戴奧辛對人體的毒害

| 急性毒害 | 大量攝取數週後可致死 |
| --- | --- |
| 畸形毒害 | 越南戰爭枯葉劑引起雙胞胎四肢的異常,口唇裂、無腦症等 |
| 生殖毒害 | 精子數減少、子宮內膜症、流產、死產、性行為異常等 |
| 免疫毒害 | 易患流行性感冒、傳染病及一般疾病等 |
| 致癌毒害 | 越南戰爭有關人員,從事化學工廠人員外,幾乎所有的動物亦可致癌 |

## 5. 減少累積及攝取戴奧辛的方法

(1) 盡量攝取沒有被戴奧辛汙染水、食物,不使戴奧辛進入體內。

(2) 設法使體內的戴奧辛排出體外而不累積在體內,例如攝取食物纖維吸附戴奧辛來排出體外。圖 5-15 表示戴奧辛類的腸肝循環與食物纖維等之吸附排出途徑。攝

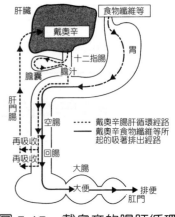

圖 5-15　戴奧辛的腸肝循環

取並蓄積在體內的戴奧辛從肝臟排出到腸後被小腸吸收的腸肝循環。此時食用食物纖維時能夠在小腸吸附戴奧辛而以糞便排出體外。

⑶ 不問好壞食物攝取要均衡。

⑷ 適切的運動使戴奧辛與汗排出體外。

⑸ 盡量減少垃圾並要做垃圾分類。


## 5-4.2　滴滴涕

　　滴滴涕學名為二氯二苯三氯乙烷（dichlorodiphenyltrichloroethane，簡寫為 DDT），為二次大戰前後廣用的滅蚊、滅蟲劑。DDT 的滅蟲作用為神經性毒而其毒性相當大，雖然攝取量不多，但因食物鏈而濃縮，蓄積於人體的脂肪組織，引起皮膚障害、內臟障害甚至於致癌的可能，因此 30 年前開始禁止製造及使用 DDT。右圖為 DDT 的分子結構，圖 5-16 為各種生物體內 DDT 殘留濃度。

$$Cl-\underset{Cl-}{\bigcirc}\!\!\!\bigcirc CH-CCl_3$$

DDT 的結構

　　DDT 的殘留濃度在食物鏈的高位動物汙染度越高，較浮游生物有 2,000 倍的濃縮，較原來的水中濃度高一百萬倍以上。雖然在 30 年前已禁止使用，巴西及越南母乳 1 克脂肪中的 DDT 有 10 微克的高濃度，引起有癌症、腫瘤、生殖異常等的報導。DDT 在臺灣雖然早已禁止使用，惟以環境荷爾蒙觀點仍需國人十分關心的物質。

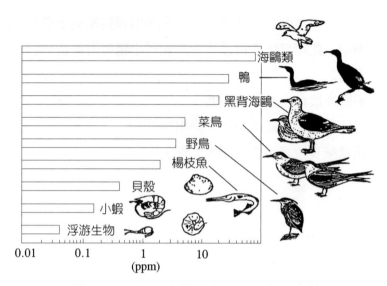

圖 5-16 各種生物體內 DDT 殘留濃度

## 5-4.3 多氯聯苯

多氯聯苯（polychlorobiphenyl，簡寫爲 PCB）爲聯苯的氯取代物，結構式如下：

PCB 的結構

多氯聯苯爲無色黏性的液體，通常稱爲不會燃燒的油，加熱到 $1,000°C$ 亦不會分解的安定液體，不受酸或鹼的侵蝕，難溶於水，可做變壓器的絕緣油，可塑劑，熱媒體，非碳複寫

紙，印刷墨等各方面的用途。1968 年日本九州一生產米糠油
工廠使用多氯聯苯為熱媒以去除油中的臭味，但因裝多氯聯苯
的脫臭管破裂使多氯聯苯滲入米糠油中，結果食用的 1,067 人
中毒產生肝臟障害，指甲或皮膚，全身無力甚至有人死亡。
1979 年我國臺中縣豐原亦發生米糠油中滲入多氯聯苯而有
1,153 人中毒的現象。多氯聯苯已於 1974 年禁止生產及使用，
但仍常用為電氣機器的絕緣油，可是因長時間貯存的容器老
化而洩漏於土壤、地下水或擴散於大氣中，在魚介中亦常被檢
出，成為注目的環境荷爾蒙。圖 5-17 為多氯聯苯的循環鏈。

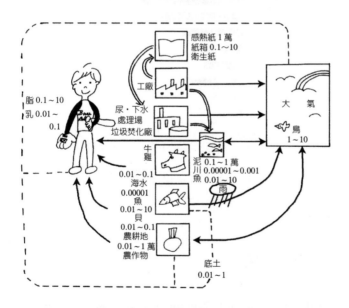

圖 5-17　多氯聯苯循環鏈

(1) **母乳中的多氯聯苯**　雖然 1974 年禁止新製造多氯聯苯及其使
用，但 1993 年的調查顯示德國、挪威、日本及美國等已開發
國家發現母奶中含多氯聯苯量為 1 微克 / 克脂肪之多。此事實

表示這些國家過去使用相當多的多氯聯苯結果，難分解性的多氯聯苯殘留於環境中，現在仍受其影響。

⑵ **哺乳類、魚類、貝殼類的多氯聯苯汙染**　海狗、海獅及海狸等在海洋棲息的哺乳類動物因與海洋汙染有關含多氯聯苯相當多。圖 5-18 為 1998 年日本所做棲息於陸上及周圍海洋生物的多氯聯苯汙染之程度。魚類及貝殼類的經歷年調查結果 1979 年多氯聯苯的檢出量最高其後降低而在 1987 年恢復到最高峰。

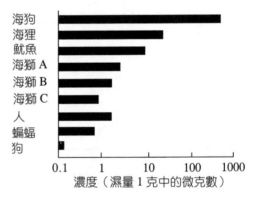

**圖 5-18　沿海生物的多氯聯苯汙染度**

## 5-4.4　雙對酚甲烷

雙對酚甲烷（2, 2-bisphenol A，簡寫為 BPA）為聚碳酸樹脂的原料，其結構式為：

OH

CH₃
CH₃

HO

雙對酚甲烷結構

　　學校及醫院所使用的食器通常爲聚碳酸樹脂所成的。以
70℃ 的熱水在自動洗碗器洗滌這些食器時，從其破損部分溶
出雙對酚甲烷，因此環保單位建議不用塑膠食器而改用不鏽鋼
或紙製食器。嬰兒所用的哺乳瓶的奶嘴部分亦聚碳酸樹脂所成
的，在奶水加熱到人體溫的過程中，溶出 BPA 而被視爲可引
起不良的影響。BPA 的毒性爲攪亂內分泌作用，抑制初期胚
的發育，畸形胎兒的產生，減少精巢的重量、減少精子數等，
可是這些內分泌攪亂物質與人體的疾病、生殖機能的影響等尙
待進一步的研討。

## 5-4.5　苯乙烯類

　　苯乙烯（styrene）爲苯與乙烯製成的化合物，而苯乙烯聚
合所成的聚苯乙烯（polystyrene，簡稱爲 PS）爲裝速食麵或
食品所用的白色塑膠。

　　聚苯乙烯本身不具毒性，但殘留於聚苯乙烯塑膠中的苯
乙烯、苯乙烯二聚物或苯乙烯三聚物等被認爲具環境荷爾蒙作
用。1998 年從速食麵容器溶出這些物質而引起很大的衝擊。

　　苯乙烯爲致癌物質，1970 年代在聚苯乙烯工廠工作的女

性勞工多數患子宮發炎或月經不順症之報告。

聚苯乙烯容器盛高溫液體、酒精或油類時,苯乙烯溶出量增加。因此使用聚苯乙烯容器的速食麵杯,塑膠杯裝熱牛奶、茶、咖啡或酒類時特別要留意,最好使用紙杯、陶磁器杯或玻璃杯以避免食用苯乙烯。

多數的環境荷爾蒙存在於我們身邊,無論是什麼人,都生活在被害的環境中,例如家庭用的殺蟲劑、滅菌劑及農藥類,塑膠的聚苯乙烯及聚碳酸樹脂,焚化爐燃燒垃圾所產生的戴奧辛,蓄積於土壤中的 DDT 及 PCB 等。可是每人對這些環境荷爾蒙有正確的認識時,可避免某程度的被害而生活得更健康。

# 6
CHAPTER

## 科學發達與人生

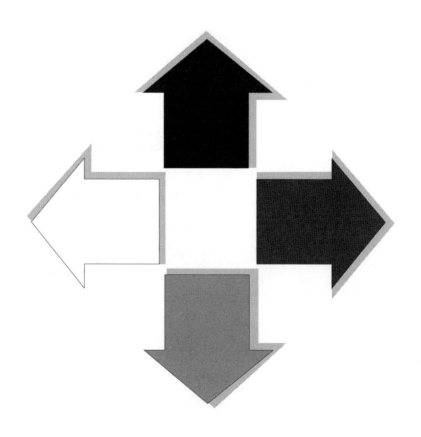

# 6
## CHAPTER

# 科學發達與人生

我們的生活隨著科學的發展而有顯著的改變，今日的科學
將地球上有限的資源不但有效的用於衣、食、住、行之
外，也廣用於資訊或電信及醫療技術等，使人生過得更舒服及
豐盛。本章探討現在科學尤其是化學技術的發展及對人類生活
的影響。

## 6-1　電腦與人生

　　從地面發射的太空艙，在外太空飛行一定的時間後會回
到地球。其間控制太空艙的飛行及艙內的生活環境的是艙內及
基地的電腦。1946 年美國創設第一座實用電腦，此電腦使用
18,000 支真空管，一秒鐘能夠做 300 次的乘法計算，但其總重
量有 30 噸而占一個小體育場之大。經過不到六十年的今日，

電腦已縮小到筆記本大小而能夠廣用於各領域，不但可儲存及傳送龐大資料，以電腦輔助教學及遠距教學來擴大教學的範圍、土木建築的設計、控制交通系統等與人類生活發生極密切的關係。

## 6-1.1 電腦的進步與普及的原因

早期的電腦因使用真空管，因此體積大並易故障。圖 6-1 表示電腦主要零件的發展程序。其後以電晶體（transistor）代替真空管，接著使用將電晶體多數組合於小基板所成的積體電路（integrated circuit，簡寫為 IC）或大規模積體電路（large scale integrated circuit，簡寫為 LSI），甚至於使用超大規模積體電路（giant scale integrated circuit，簡寫為 GSI）等的結果，

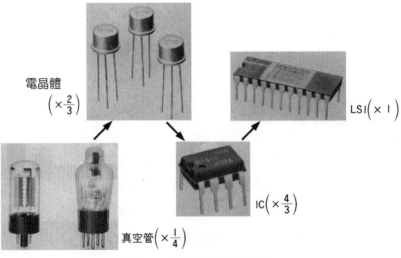

圖 6-1　電腦零件的進步

不但故障率減少，計算速度增快，儲存的資料大量增加外，體積縮小很多，可普及到學校及家庭。

# 6-1.2　今後的電腦

電腦具有多方面而有用的功能：

①在短時間內能夠處理大量的資料，例如捷運票在極短時間內能夠讀取每位旅客所乘的距離並扣款。

②通過網際網路能立刻傳送資料到遠處。電腦較電報快，在極短時間內能夠傳送信或照片到美國或歐洲。

③從貯藏的資料中選取必要的資料。例如從教過的學生資料中，選取某一個學生的檔案。

④使用文書處理程式寫信、記事甚至寫一本書。

⑤使用個人財務管理程式進行個人的消費記帳，財務分析或管理。

⑥結合電腦繪畫做動畫、影像、聲音和圖片，製作簡報資料等。

今後的電腦除了上述功能的擴大之外，加強電子郵件之自動翻譯及聲音應答的功能、手機與網際網路的連結等。臺灣在電腦製造工業方面多年來有輝煌的成就。正如 2000 年世界資訊科技大會（World Congress on Information Technology，簡寫為 WCIT）陳總統所說，以建設「綠色矽島」而努力。

第一個實用電腦出現在十一年後的 1957 年，第一顆人造衛星進入太空，其從氣象衛星，通訊衛星及太空艙等陸續發射成功。這些衛星及太空艙的發射不只靠電腦的成果，耐熱而強

韌的新材料，如精瓷、碳纖維、具新機能的合金等的開發成功亦擔任很重要的角色。

# 6-2 精瓷

陶瓷（ceramics）的主成分為矽酸鹽，以土或黏土為原料加水扭合，乾燥後在窯中強熱成不溶於水而硬的陶瓷。陶瓷具脆弱不耐撞擊及急熱或急冷的缺點。為了改進這些缺點，燒結人工合成的無機化合物而具有熱、電、磁或光學特性的製品稱為精瓷（fine ceramics）或新瓷（new ceramics）。

## 6-2.1 醫療用精瓷

以磷酸鈣為主成分燒結所成的精瓷分子式為 $Ca_{10}(PO_4)_6(OH)_2$，不但具優異強度及耐久性，同時與身體組織配合性良好，用於人造牙齒、人造關節及人造骨上。圖 6-2 為精瓷所造的人造骨及人造關節。患嚴重關節病的人為回復步行機能必須使用人造股關節，圖 6-3 為高密度聚乙烯製的承受皿，精瓷做的人造骨頭及不鏽鋼製的腳部三者組合而成的人造股關節，可改進步行。

圖 6-4 為精瓷所製的人造牙齒及人造牙根，此精瓷製品較於適合於牙肉而耐久。

圖 6-2　人造骨

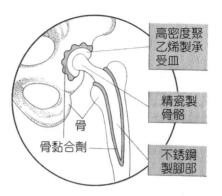

圖 6-3　人造股關節

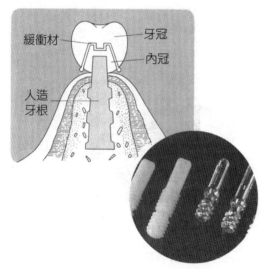

圖 6-4　人造牙齒與牙根

## 6-2.2　精瓷引擎及壓電性精瓷

　　以氮化矽（$Si_3N_4$）或碳化矽（$SiC$）為原料所製得的精瓷，具優異的強度並耐熱及耐腐蝕。使用此精瓷所製的汽車引擎

較輕，可提高燃料的功效並不
必備冷卻裝置等的優點。圖 6-5
表示精瓷所製地熱發電用的渦
輪零件。

　　鈦酸鋇或鈦酸鈣晶體用於
壓電性開關稱為壓電性精瓷。
瓦斯爐或燒熱水的瓦斯熱水器

圖 6-5　精瓷滑輪零件

只要旋鈕就可點火。這是因為
點火裝置使用受打擊能產生高電壓的壓電性精瓷之故。圖 6-6
為瓦斯爐的點火裝置。

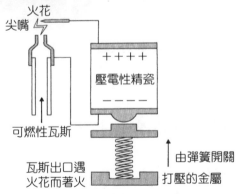

圖 6-6　瓦斯爐的點火裝置

## 6-2.3　其他精瓷

　　鈦酸鋇不但用於壓電性精瓷，因具有能夠貯蓄電力即電容的特性應用做電容器。圖 6-7 為以鈦酸鋇與微量金屬添加物製成蜂巢形的吹風機出風口部位。通電時發熱，惟到某一溫度以上時，電阻增加使電流減弱，因此不關電流亦不會過熱。同一材料及原理亦用於棉被乾燥器或其他電熱器。

蜂巢形加熱器

**圖 6-7　蜂巢形精瓷吹風機**

　　紅鋁鐵質（ferrite）為氧化鐵與氧化鋁或其他金屬氧化物燒結所成的精瓷。此精瓷粉可用於錄影帶的磁性膜。圖 6-8 為紅鋁鐵質為磁性膜的錄影帶結構。

　　高溫超導體精瓷：化學式 $YBa_2Cu_3O_7$ 或 $Tl_2Ba_2Ca_2Cu_3O_{10}$ 所表示的精瓷在液態氮的沸點（$-196℃, 77K$）以下溫度時電阻等於 0，這些精瓷稱為高溫超導體，現在科學界致力研究其應用中。

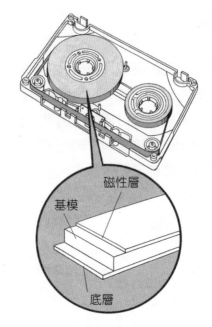

基模

磁性層

底層

圖 6-8　紅鋁鐵質為磁性膜的錄影帶

# 6-3　新塑膠

現用的塑膠通常具有不耐熱、易破裂,但對化學藥品安定而不被腐蝕的性質,因此塑膠廢棄物的處理是環保上之一大問題。惟科學界針對塑膠的優缺點加予改進製造新機械及高強度的塑膠。

## 6-3.1　工程塑膠

　　高強度、具彈性及耐磨耗性的塑膠總稱為工程塑膠
（engineering plastics）用於代替金屬製品。工程塑膠中的
聚醚（polyether）機械性特優用於齒輪及軸承等，聚碳酸酯
（polycarbonate）透明而耐衝擊，因此使用於安全帽及光碟
片。圖 6-9 為聚碳酸酯所製的安全帽。

　　聚縮醛（polyacetal）耐磨耗並易電鍍，如圖 6-10 所示可
做多用途的齒輪可用為錄影帶的齒輪等。

圖 6-9　聚碳酸酯製的安全帽

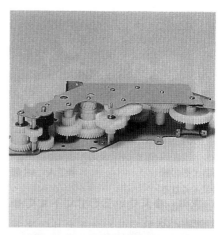

圖 6-10　聚縮醛製的齒輪

## 6-3.2　吸水性塑膠

　　一般塑膠都具疏水性而不易與水結合，亦不溶於水。可
是在分子中有親水性原子團所聚合而成的塑膠就具吸收水的性
質。例如，澱粉與聚丙烯酸架橋聚合所成的塑膠與水接觸時，

在短時間內能夠吸水而膨脹數百倍，一吸水後加壓亦不放出水，因此廣用於嬰兒的尿布、生理用品或土壤的保水劑。

地球陸地面積的四分之一為沙漠而其面積年年增加。要使沙漠變為綠地需供應大量的水。吸水性塑膠 1 克可貯藏一公升的水。使吸水性塑膠與沙漠的沙土以 0.05% 的混合比例混合，可改良沙漠土質而種植物，吸水性塑膠為改良沙漠之希望。

## 6-3.3　分解性塑膠

廢棄塑膠時，因不易腐蝕、不變質而成為環保觀點的一大問題。最好的作法就是在使用塑膠後能分解為無害的物質。科學家以乳酸為原料製造聚乳酸塑膠。聚乳酸塑膠所製的縫線，開刀時用於縫合傷口，聚乳酸塑膠在體內能夠分解為無毒的乳酸，因此開刀後不必拆線而自然消失。

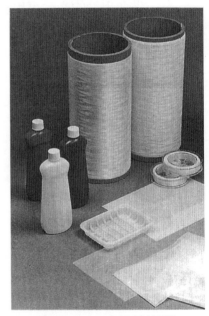

圖 6-11　分解性塑膠

## 6-3.4　其他新塑膠

隱形眼鏡：過去的隱形眼鏡有硬型及軟型兩種。軟型的為含水的凝膠所成，因此軟型較硬型帶起來較舒服，但不能通氧氣，科學家研究開發與水親合力好而能夠通氧氣的塑膠隱形眼鏡（圖 6-12）。

圖 6-12　塑膠隱形眼鏡

# 6-4　特殊機能合金

合金為不同金屬的熔合體並具有較原金屬優異的特性。隨著科學的發達已製成形狀記憶合金，貯藏氫合金等多種特殊機能的合金。

## 6-4.1　形狀記憶合金

鈦和鎳熔合而成的合金能夠記憶住原來的形狀。預先在高溫度使此合金成形（如圖 6-13 左）後在低溫時使其變形而插入於熱水使其恢復到以前的高溫時，將回到原來的形狀。

此形狀記憶合金用於接合金屬板的鈕、人造衛星的受信天線等。

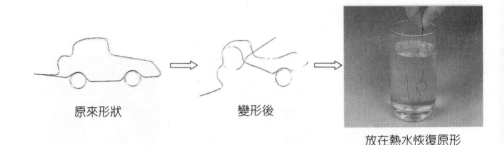

原來形狀　　　　　　　變形後

放在熱水恢復原形

圖 6-13　形狀記憶合金

## 6-4.2　貯藏氫合金

鈦和錳熔合所成的合金能夠吸收其體積的 1,000 倍以上的氫氣，因此稱爲貯藏氫合金。現在已開發使用貯藏氫合金代替汽油的汽車（圖 6-14）。貯藏氫合金具有冷卻時吸收氫於合金而放出熱量，相反時，冷卻合金時能夠放出氫而吸熱的性質，因此科學家在研究使用爲冷暖氣機的冷媒材料。

## 6-4.3　超導體用合金及其他新合金

汞或錫等在極低溫度時電阻會降爲 0 而成超導體。錫和鈮熔合所成的合金具超導體性質，在此狀態時通電流不會損失能量能流通大量的電流。圖 6-15 爲以錫和鈮合金熔合的線圈做成的超導體磁鐵，冷卻時可得通大量電流的強磁場。表 6-1 爲其他特殊機能的合金。

圖 6-14　使用貯藏氫
合金的汽車

圖 6-15　超導體磁鐵

表 6-1　特殊機能的合金

| 名稱 | 成分 | 性質 |
|---|---|---|
| 非晶形合金<br>（amorphous alloy） | Fe-B-Si 或 Fe-B-Si-C | 不具規則性晶體結構的合金，高強度，能保持磁性。 |
| 防震合金 | Fe-Cr-Al, Mn-Cu | 能夠吸收振動或聲音的能，轉變為熱。 |
| 超塑性合金 | Zn,Al, Pb-Sn | 能夠自由變形成型。 |

# 6-5　寄託於化學進步的夢

　　化學的發展與新化學技術的不斷開發，今日的人類生活較以前更豐盛、更方便及更舒服。科學進步是無止境的，進入廿一世紀的今日，人類寄託於化學的夢是能夠治療癌症或愛滋病等疾病的治療藥，超導體磁浮火車，較鋼強、輕而耐熱的塑膠所製汽車及飛機、貯藏氫合金為燃料的汽車、以超高速處理

　　資料的光電腦、太陽能發電及氫－氧燃料電池之實用化等（圖6-16）。

　　以人類的創造力與努力開發的結果，寄託於化學進步的夢，相信不久的將來能夠實現而使我們的生活得更健康、更豐盛。

**圖 6-16　寄託於化學進步的夢**

# 6-6　奈米化學

## 6-6.1　奈米、奈米材料、奈米科技

### 1.　奈米

　　奈米（nanometer, nm）如米，厘米，毫米及微米一般，是長度的單位。一奈米的長度相當短只有十億分之一公尺（$10^{-9}$ m）而已。碳原子或金原子等原子的直徑約為 $10^{-10}$ 公尺，因此一奈米相當於數個到十個原子串連起來的長度。圖 6-17 為各大小粒子的比較圖示。

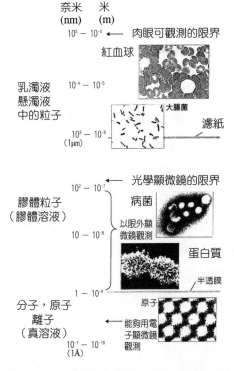

**圖 6-17　各種大小粒子的比較圖示**

2. **奈米材料**

奈米材料是將一般物料經奈米化的材料。將物料經奈米技術奈米化成 1 到 100 奈米間的顆粒，薄膜，細絲、細管或微孔等作為各種特殊用途奈米產品的材料。

3. **奈米科技**

在奈米尺寸下所進行的科學技術稱為奈米科技。奈米科技包含研究奈米材料之結構、物性、化性、製造方法，計測及操縱奈米物質之技術等之外，探討奈米材料在物理、化學、材料、生物、電子及機械學科之應用等與人類食、住、衣、行等日常生活的貢獻等。

## 6-6.2 奈米材料的特性

物質在奈米尺寸時其總表面積與其體積的比值變很大，在表面上的原子數目增加原子力變強，故與外界面的原子力大增，對光、電、熱、磁及機械等的物理性質與此物質在一般尺寸時的物理性質大大不同。例如金的熔點為 1,063℃，但 5 奈米的微細金顆粒的熔點卻大大的降低。蓮花池的蓮花出於汙泥而不汙染，因蓮花表面為奈米顆粒的排列，各顆粒的表面作用力強，易與同性質顆粒作用，不易與不同性質物質顆粒作用，故塵埃及汙泥都無法吸附於其表面而能夠保持清潔美麗的蓮花表面。此蓮花自我清潔的效應，今日廣用於生產過程中加入奈米化的銀或二氧化鈦等抗菌物質，做為防蟎、殺菌、自淨之用。

## 6-6.3　奈米材料的製法

　　1985 年史梅利（Smalley）等三人在高溫高壓下以雷射光激發石墨成碳蒸氣，以液態氦冷卻碳蒸氣得超微顆粒的碳簇（carbon cluster），經質譜儀測定其分子量爲 720，爲六十個碳原子所組成，直徑一奈米長的中空足球狀的碳六十（$C_{60}$），爲人造奈米材料之始祖。今日奈米材料之製備法有：

### 1.　熾熱絲化學蒸氣沉積法

　　通氣體於眞空中的熾熱絲時，因熾熱絲的輻射熱分解氣體爲帶電的離子氣體或電漿（plasma），沉積於基板上成爲所需的奈米材料，此方法稱爲熾熱絲化學蒸氣沉積（hot filament chemical vapor deposition）。例如，甲烷氣體通入於眞空中的熾熱絲時，受其輻射熱分解爲 $CH^+$，及 $CH_3^+$ 等氣體離子，這些氣體離子沉積於鐵、鎳等催化性金屬基板上形成奈米碳管的奈米材料。

### 2.　熱蒸鍍法

　　在眞空中加熱金屬材料到其沸點，使金屬表面的原子汽化後沉積於基板上形成約十奈米厚度的薄膜，此過程稱爲熱蒸鍍（thermal evaporation）。熱蒸鍍法廣用於電子元件，使電子元件上蒸鍍一層磁性金屬薄膜以擴充其用途。

### 3.　脈衝雷射沉積法

　　以雷射光加熱超眞空中的金屬或半導體表面上的某一點到汽化的溫度，使汽化的原子沉積於基板上形成數奈米厚薄膜的

過程稱為脈衝雷射沉積（pulse laser deposition）。此方法可蒸鍍超薄的半導體薄膜及製造奈米碳管。

## 6-6.4　奈米化學的應用

### 1.　光觸媒

　　吸收光並將光的能量轉移到其他分子作為化學反應催化劑功用的稱為光觸媒（photocatalyst）。最常用的光觸媒為二氧化鈦（$TiO_2$）。圖 6-18 表示二氧化鈦光觸媒的作用過程。

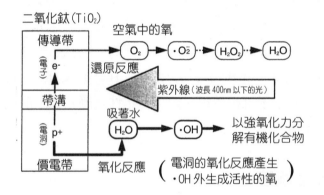

**圖 6-18　二氧化鈦光觸媒作用過程**

　　二氧化鈦是一種半導體，光線照射於其表面時二氧化鈦能夠吸收近紫外光線部分的光，從傳導帶激發電子（$e^-$）與價電帶的電洞（$p^+$）分離。電洞的 $p^+$ 氧化力極強，當紫外線照射到奈米化的二氧化鈦時生成的 $p^+$ 能夠分解所吸附於其表面的水分子而產生的氫氧自由基（・OH），此氫氧自由基能夠氧

化分解各種細菌，病毒等有機化合物並以無害的水及二氧化碳而排出。傳導帶中的電子（$e^-$）與其周圍空氣中的氧反應生成帶負電的氧分子自由基（$\cdot O_2^-$）。$\cdot O_2^-$ 經過氧化氫（$H_2O_2$）到水分子（$H_2O$）的過程以還原反應分解有機物。

奈米化的二氧化鈦以粉末，顆粒或薄膜製成光觸媒產品，廣用於空氣的淨化、清潔飲用水、滅菌、抗菌、脫臭、防臭、汽車或壁面的防止汙染等。

奈米銀的光觸媒作用與奈米二氧化鈦相似。奈米銀離子在近紫外光線照射下與水分及空氣作用，生成氧自由基及氫氧自由基而具有強力的氧化還原作用分解細菌等有機物質。奈米銀的稀溶液對大腸桿菌具十分的抑制功效，在一般光的作用下銀離子能迅速與細菌體內的酵素蛋白中之硫氫基（-SH）結合，使酵素失去活性而消滅。市售的奈米銀成品有滅菌香皂，抗菌防臭纖維，光電奈米抗菌口罩等。

## 2. 碳六十

史梅利等人製得碳六十後，繼續研究其分子結構，結果獲得 $C_{60}$ 分子，如圖 6-19 所示 $C_{60}$ 的分子是由 12 個正五角形及 20 個正六角形結合成，如中空的足球結構。

碳六十球體的直徑約一奈米，具有高度穩定性及導電性的超微顆粒。$C_{60}$ 的化學性質安定不易與其他物質反應。因 $C_{60}$ 的結

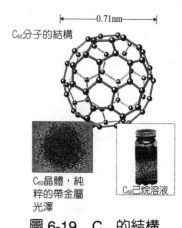

$C_{60}$分子的結構

0.71nm

$C_{60}$晶體，純粹的帶金屬光澤

$C_{60}$己烷溶液

**圖 6-19　$C_{60}$ 的結構**

構是中空的，故可塡充原子、離子或分子等於其中間部分，故
$C_{60}$ 可望作爲攜帶醫療用藥品的超微膠囊。服用含特殊藥品的
$C_{60}$ 超微膠囊進入人體時，不會被胃酸腐蝕，亦不受人體免疫
系統的干擾，能夠直接到達患部細胞（例如癌細胞）內，釋放
藥品直接與病原作用摧毀病變細胞。

## 3. 奈米碳管

奈米碳管（carbon nanotube），又稱巴克管（buckytube），
爲一種直徑只有一奈米，長度數奈米中空圓形碳原子的超微細
管所組成的針狀物。奈米碳管化學性質安定，質輕柔軟但具韌
性，爲熱及電的良導體，可望作爲電腦新一代記憶體的關鍵性
零件。奈米碳管具有優異的儲氫能力，將來可作爲氫引擎汽車
燃料或小型而強力的電池。

奈米碳管所做的光學纖維，重量只有鐵的六分之一，但強
度大於鐵光纖之一百倍，兼具金屬及半導體的性質，其應用範
圍很廣，從小型省電奈米碳管平面顯示器到汽車車身、太空梭
及日常生活用品。

## 4. 台大抗煞一號

2003 年 5 月底台灣大學發表成功製成有效對抗 SARS 冠
狀病毒的奈米級 8- 羥辛酸（8-hydroxyoctanoic acid）並經臨床
實驗證明其功效後定名爲臺大抗煞一號。

8- 羥辛酸化學式爲 $HO-(CH_2)_7-COOH$，爲無臭、無味的米
黃色細粉，可溶於水，一克 8- 羥辛酸溶於數公升水所成的溶
液噴灑於口罩或防護衣等布料時無害處，但遇到 SARS 病毒
（直徑 60 到 220 奈米的皇冠狀細胞）時，自行吸附包圍結合

在其表面上，破壞 SARS 病毒上的皇冠使其套膜崩解，故能有效消滅 SARS 病毒。如能大量製造台大抗煞一號使用於口罩或防護衣外做洗手用清潔劑，環境消毒用噴射劑或擦洗家庭門把、馬桶蓋表面等可有效防疫。

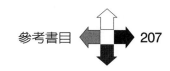

# 參考書目

著者寫這本書時，參考下列各書籍，在此向著者及出版公司致謝。

1. 楊寶旺主編 （民 88 年） 基礎化學（全） 龍騰文化事業公司
2. 魏明通 （民 88 年） 化學（上及下） 龍騰文化事業公司
3. 相原惇一等 （1998） 高校化學 IA 實教出版株式會社
4. 坪村 宏等 （1997） 高等學校化學 IA 啓林館
5. 藤原鎮男等 （1996） 化學 IA 三省堂
6. 佐野博敏等 （1998） 圖解化學 IA 第一學習社
7. 長倉三郎等 （1999） 化學的世界 IA 東京書籍株式會社
8. 白石振作等 （1995） 化學 IB 大日本圖書株式會社
9. 坪村 宏等 （1997） 化學 II 啓林館
10. 馬遠榮 （2002） 奈米科技 商周出版
11. 日本化學會編 （2003） 化学ってそういうこと！夢か広がる分子の世界 化學同人
12. 橫川洋子 （2001） くらしの化 化学物質の光と陰 學文社
13. Darrell D. Ebbing （1996） *General Chemistry*, Fifth Edition, Houghton Mifflin Company, Boston
14. Steven S. Zumdahl （1997） *Chemistry*, Fourth Edition, Houghton Mifflin Company, Boston
15. John W. Hill, Doris K. Kolb （1998） *Chemistry for Changing Times*, Eighth Edition, Prentice-Hall Inc. New Jersey

# 索　引

國家圖書館出版品預行編目資料

化學與人生／魏明通著. -- 五版. -- 臺北
市：五南, 2019.08
　　面；　公分
　ISBN 978-957-763-517-4 (平裝)

1.應用化學

460　　　　　　　　　108011188

5B46

# 化學與人生

作　　　者 ― 魏明通（408.2）

校　　　訂 ― 林萬寅

發 行 人 ― 楊榮川

總 經 理 ― 楊士清

總 編 輯 ― 楊秀麗

主　　　編 ― 王正華

責任編輯 ― 金明芬

出 版 者 ― 五南圖書出版股份有限公司

地　　　址：106台北市大安區和平東路二段339號4樓

電　　　話：(02)2705-5066　　傳　　真：(02)2706-6100

網　　　址：http://www.wunan.com.tw

電子郵件：wunan@wunan.com.tw

劃撥帳號：01068953

戶　　　名：五南圖書出版股份有限公司

法律顧問　林勝安律師事務所　林勝安律師

出版日期　2013年9月四版一刷
　　　　　2019年8月五版一刷

定　　　價　新臺幣290元